Botanical Art of Korean Rare Plants

세밀화로 보는 희귀식물

국립수목원 지음

Copyright © 2011 Korea National Arboretum

Published by GeoBook Publishing Co.
  Gyonghigung-achim Officetel Rm1004, Compound 4
  Naesu-dong 73, Jongno-gu, Seoul, 110-083, KOREA
  Tel:82-2-732-0337, Fax:82-2-732-9337, e-mail:geo@geobook.co.kr

All rights reserved. No part of this book may be reproduced, stored in a retrieval system, or transmitted in any form or by any means, electronic, mechanical, photocopying, recording, or otherwise, without written permission from the copyright owner.

ISBN 978-89-94242-09-5 03600

Printed in Korea

Botanical Art of Korean Rare Plants
세밀화로 보는 희귀식물

국립수목원 지음

국립수목원
Korea National Arboretum

책을 펴내며...

오늘날 지구온난화와 무분별한 산림개발, 과다한 채취 등의 원인으로 전 세계적으로 생물종이 점점 줄어들고 있습니다. 우리나라도 예외는 아닙니다. 지난 10년간 국립수목원에서 연구한 결과 우리나라의 희귀식물은 217종에서 571종으로 크게 늘어났습니다.

우리 부모님 세대에는 쉽게 볼 수 있었던 파초일엽, 광릉요강꽃, 복주머니란 등의 식물들이 지금은 자생지에서 사라지거나 쉽게 관찰할 수 없게 되었습니다. 식물을 사랑하고 보존하는 방법에는 여러 가지가 있을 수 있습니다.

그러나 가장 중요한 것은 우리가 식물의 중요성을 인식하고 사랑하는 마음을 갖는 것이라고 할 수 있습니다. 이를 위한 하나의 방법으로 외국에서는 오래전부터 식물의 세밀화를 활용하고 있습니다.

세밀화는 식물분류 연구 측면에서뿐만 아니라 식물을 예술과 문화로 승화시켜 식물의 가치와 중요성을 알리는 데 있어서 중요한 수단이 되어 왔습니다. 산림청 국립수목원에서는 2005년 3월 『세밀화로 보는 광릉숲의 풀과 나무』를 처음으로 발간하여 식물 세밀화를 소개하는 한편, 2008년 12월 『세밀화로 보는 약용식물』을 발간하여 국·공립기관에 보급한 바 있습니다.

이와 같은 맥락으로 자생식물, 특히 희귀식물에 대한 이해의 폭을 넓히고 희귀식물의 소중함과 보존의 필요성을 인식할 수 있는 공감대를 형성하고자 2009년 12월 『세밀화로 보는 희귀식물 I, II』를 발간하였고, 이번에 일반인과 학생들을 위해 한 권으로 다시 구성한 『세밀화로 보는 희귀식물』을 발간하게 되었습니다.

　『세밀화로 보는 희귀식물』에는, 2009년 국립수목원에서 펴낸 『한국 희귀식물 목록집』의 보전등급에 따라서 멸종위기종(CR), 위기종(EN), 취약종(VU), 약관심종(LC)에 속하는 125분류군을 수록하였으며, 한글 외에 추가로 영어 설명을 함께 실었습니다.

　어려운 여건 속에서도 이번 책자가 발간될 수 있도록 희귀식물의 아름다움을 훌륭한 예술작품으로 승화시켜 주신 세밀화 작가 여러분들께 감사의 마음을 전합니다. 그리고 출판 기획과 편집, 원고 수정 등에 노고를 아끼지 않으신 국립수목원 직원 여러분들께도 격려의 마음을 전합니다.

2011년 5월
국립수목원장　김 용 하

Prologue

Today, global warming and indiscriminate forest development, such as excessive extraction causes reduction of species around the world and Korea is no exception. Based on our research for past 10 years, the rare species in Korea has increased to 571 species from 217 species.

Those plants such as, *Asplenium antiquum*, *Cypripedium japonicum* or *Cypripedium macranthum* that were readily seen in our parents' generation have disappeared in their natural habit or can no longer be easily observed. There are several ways to preserve our plant population. But most importantly, we need to recognize the importance of plants and develop love for these plants around us. It is said that in other countries, as one of the methods for preservation of the plants, they have used Botanical Art.

Botanical Art is not only important in the area of research but also has helped to increase awareness of importance and value of the plants in terms of art and culture. National Arboretum, the Forest Service has published 「Botanical Art of plants and trees for Gwangneung Forest」 in March of 2005, followed by 「Botanical Art of Korean Medicinal Plants」 in December of 2008.

In this context, to promote better understanding of native plants, especially rare plants and the necessity of preserving them, we are publishing 「Botanical Art of Korean Rare Plants」.

In 「Botanical Art of Korean Rare Plants」, it lists the 125 taxa in order of CR, EN, VU, LC based on Preservation Grade of 「Rare Plants Data Book of Korea」 published in 2009 by Korea National Arboretum.

I thank all those involved who have contributed in publication of this book despite difficult circumstances. My sincerest thanks goes out to the miniature artists who have provided with beautiful art work of the rare plants, those involved in publication planning, editing and manuscript along with the staff of Korea National Arboretum.

May, 2011

Director of Korea National Arboretum
Yongha Kim

발간을 축하하며...

1980년대 초반까지도 우리나라 식물자원의 연구를 수행하는 데 있어 참고문헌이 부족하여 일반인들은 물론이거니와 식물분류학 전문가들조차도 큰 어려움이 있었다. 그래서 주변국의 식물도감에 의존하여 우리나라의 식물을 판별하는 것이 다반사였다. 이와 같은 학문적 수요와 시대적 필요성으로 인하여 1980년 후반부터 1990년대 초 사이에는 상당한 수의 한국 식물도감이 국내에서 출간되었다. 특히 근래에 들어서는 다양한 식물도감을 주위에서 쉽게 접할 수 있게 되어, 식물분류 전문가는 물론이거니와 일반인들도 국내 식물자원에 대한 궁금증을 훨씬 쉽게 해결할 수 있는 좋은 자료로 활용할 수 있게 되었다.

그러나 우리가 주위에서 종종 접하는 식물도감은 식물의 학명과 특징을 사진과 곁들여서 설명하고 있다. 사진이란 원래 실체를 정확하게 표현하기 위한 사실적 묘사에 근거를 두고 있지만, 식물 사진의 경우 그 식물이 가지고 있는 정확한 특성을 담아내는 것은 매우 어려운 일이며, 특히 식물 종을 구분하는 미세한 특성은 사진으로 드러내기 불가능한 경우가 허다하다. 그러나 식물의 세밀화 작업은 식물체가 가지고 있는 외부 모습의 특성을 면밀히 표현하는 작업일 뿐만 아니라, 질감, 색채 및 특성을 포함하여 작가의 섬세한 감성적 느낌까지도 담아내는 예술적 산물이기도 하다. 한편으로는 식물분류학자의 도움으로 식물체가 가지고 있는 분류학적 외부 형태와 모습을 엄밀하고 정확하게 표현하여 식물체의 총체적인 특징을 사실적으로 보여주는 과학적 자료이기도 하다.

이와 같은 작업은 사진으로 담을 수 없는 식물체의 섬세한 구조와 모습을 완벽하게 나타내기 때문에 뛰어난 예술적 가치를 지니고 있음은 물론이거니와 학술적으로 매우 중요한 가치를 지니고 있다. 그러므로 사진 자료와는 비교할 수 없는 노력과 시간이 소모되는 식물 세밀화 작업은 오래전부터 식물학 연구에 필수적인 학술자료로 인정받아 서구 선진국의 유수 식물원 혹은 식물표본관에서는 중요한 소장품의 일부로 수집 관리되어 왔다.

국내에서는 전문가 및 수요의 부족으로 인하여 활성화되지 못하고 있었으나 국립수목원에서 수년 전부터 식물 세밀화의 중요성을 인식하여 세밀화를 제작하고 세밀화 전시회나 관련 자료의 출판 같은 중요한 사업을 충실하게 해오고 있다. 이 점은 우리나라 식물자원을 관리하는 국가적 주체로서의 임무를 훌륭하게 수행하는 것이다.

식물 세밀화 작업을 통하여 우리나라 식물학 발전의 초석을 마련하고, 세계적인 식물 연구기관으로서 국립수목원의 위상이 높아질 것으로 확신하면서, 다시 한번 「세밀화로 보는 희귀식물」 발간의 중요성을 깨닫게 된다.

2011년 5월

IUCN(세계자연보전연맹) 한국위원회 회장
서울대학교 천연물과학연구소 소장

서 영 배

# Celebrating the Publication...

Until the early 1980s, the lack of resources prevented and hindered study of plants for not only ordinary population but also the plant taxonomy experts. As a result, we relied on resources of other countries in determining and classifying our native plants. Due to academic demands and needs numerous literatures on Korean Plants has been published between late 1980's to early 1990's. In recent years, availability of various literatures has made it easier for not only the taxonomy experts but for the ordinary population to study plant resources.

However, the books we encounter mostly explain the plants with its scientific name, characteristics along with the photos of the plant. Although photo usually reflects the accurate description of the items, in case of plants, it is difficult to pinpoint and distinguish the unique characteristics of the each plant, especially minute characteristical differences. The work of miniature, however, can express the unique features of not only the exterior but also, the texture, color and characteristic, including the artists' delicate emotional feelings. On the other hand, such work, with the help of plant taxonomists, becomes vital scientific resources showing detailed and rigorous outer appearance.

Such work shows details and images that cannot be duplicated with still photos and carries not only great value in terms of art but also in terms of academia. With incomparable efforts and time devoted, miniature plants for botanical research work has long been recognized as essential academic materials in the western countries and the leading arboretums have been storing them as an important part of their collections.

In Korea, due to lack of demand and supply for botanical art professionals, this area has not flourished. Korea National Arboretum, on the other hand, has recognized the importance of fabrication and miniature exhibitions along with publication and has been working on these areas diligently. This clearly shows that as leader of preservation of Korean plant population, they are doing a fine job.

I am positive that through the work of Botanical Arts, it will provide foundation for development of botanical and plant research and further establish National Arboretum as world class research center for plant studies and once again is reminded of the significance behind the publication of 「Botanical Art of Korean Rare Plants」.

May, 2011

IUCN Korean Chapter
Seoul University
Director of Natural Products Research Institute
Youngbae Seo

차 례

책을 펴내며................004
발간을 축하하며.........008

멸 종 위 기 종 (C R)

물부추과
물부추....................022

고사리삼과
제주고사리삼..........024

소나무과
눈잣나무.................026

주목과
설악눈주목..............028

목련과
목련........................030

작약과
산작약....................032

범의귀과
나도승마.................034

장미과
채진목....................036
섬개야광나무..........038
섬국수나무.............040

콩과
만년콩....................042

갈매나무과
청사조....................044

산형과
독미나리................046

진달래과
월귤........................048

물푸레나무과
미선나무.................050

용담과
대성쓴풀.................052

현삼과
애기송이풀.............054
섬현삼....................056

열당과
백양더부살이..........058

국화과
단양쑥부쟁이..........060

백합과
날개하늘나리..........062
칠보치마.................064
꽃장포....................066

붓꽃과
대청부채.................068
노랑붓꽃.................070

난초과
두잎약난초.............072
광릉요강꽃.............074
복주머니란.............076
으름난초.................078
손바닥난초.............080
해오라비난초..........082
풍란........................084
비자란....................086
백운란....................088
금새우난초.............090

위 기 종 (E N)

솔잎란과
솔잎란....................094

미나리아재비과
만주바람꽃.............096
모데미풀................098
동강할미꽃.............100
바람꽃....................102

끈끈이주걱과
끈끈이귀개.............104

작약과
참작약....................106

범의귀과
꼬리말발도리..........108

장미과
한라개승마.............110

콩과
왕자귀나무.............112
개느삼....................114

제주달구지풀
제주달구지풀..........116

갈매나무과
갯대추나무.............118

담팔수과
담팔수....................120

팥꽃나무과
두메닥나무.............122

앵초과
설앵초....................124
기생꽃....................126

물푸레나무과
박달목서.................128

용담과
좁은잎덩굴용담.......130

현삼과
만주송이풀.............132

인동과
댕강나무.................134
줄댕강나무.............136

제비꽃과
왕제비꽃.................138

국화과
한라구절초.............140
께묵........................142

백합과
한라꽃장포.............144

수선화과
문주란....................146
진노랑상사화..........148
백양꽃....................150
위도상사화.............152

붓꽃과
난장이붓꽃.............154

천남성과
섬남성....................156

난초과
- 여름새우난초 158
- 대흥란 160
- 주름제비란 162
- 무엽란 164

취 약 종 (V U)

면마과
- 느리미고사리 168

자리공과
- 섬자리공 170

미나리아재비과
- 섬노루귀 172
- 매화마름 174

수련과
- 순채 176
- 가시연꽃 178

작약과
- 백작약 180

끈끈이주걱과
- 끈끈이주걱 182

돌나물과
- 둥근잎꿩의비름 184

대극과
- 두메대극 186

갈매나무과
- 망개나무 188

아욱과
- 황근 190

산형과
- 등대시호 192

진달래과
- 꼬리진달래 194

시로미과
- 시로미 196

자금우과
- 백량금 198

물푸레나무과
- 만리화 200

열당과
- 야고 202

통발과
- 땅귀개 204
- 통발 206

초롱꽃과
- 금강초롱꽃 208

국화과
- 어리병풍 210

백합과
- 땅나리 212
- 솔나리 214
- 큰연영초 216

붓꽃과
- 금붓꽃 218
- 노랑무늬붓꽃 220

난초과
　새우난초................222
　큰방울새란............224
　방울새란................226

약 관 심 종 (L C)

꼬리고사리과
　골고사리................230

소나무과
　구상나무................232
　솔송나무................234

미나리아재비과
　한라돌쩌귀............236
　홀아비바람꽃.........238
　변산바람꽃............240
　너도바람꽃............242

양귀비과
　매미꽃....................244

조록나무과
　히어리....................246

장미과
　가침박달................248

산형과
　갯방풍....................250

노루발과
　수정난풀................252

진달래과
　만병초....................254

물푸레나무과
　이팝나무................256
　꽃개회나무............258

꿀풀과
　참배암차즈기.........260
　광릉골무꽃............262

통발과
　이삭귀개................264

마타리과
　금마타리................266

초롱꽃과
　섬초롱꽃................268

자라풀과
　자라풀....................270

백합과
　큰두루미꽃............272

붓꽃과
　꽃창포....................274

벼과
　모새달....................276

　찾아보기..................278
　참고문헌..................286

Contents

Prologue 006
Celebrating the Publication 010

Critically Endangered (CR)

Isoetaceae
Isoetes japonica 022

Ophioglossaceae
Mankyua chejuense 024

Pinaceae
Pinus pumila 026

Taxaceae
Taxus caespitosa 028

Magnoliaceae
Magnolia kobus 030

Paeoniaceae
Paeonia obovata 032

Saxifragaceae
Kirengeshoma koreana 034

Rosaceae
Amelanchier asiatica 036
Cotoneaster wilsonii 038
Physocarpus insularis 040

Leguminosae
Euchresta japonica 042

Rhamnaceae
Berchemia racemosa 044

Umbelliferae
Cicuta virosa 046

Ericaceae
Vaccinium vitis-idaea 048

Oleaceae
Abeliophyllum distichum 050

Gentianaceae
Anagallidium dichotomum 052

Scrophulariaceae
Pedicularis ishidoyana 054
Scrophularia takesimensis 056

Orobanchaceae
Orobanche filicicola 058

Compositae
Aster altaicus var. *uchiyamae* ...060

Liliaceae
Lilium dauricum 062
Metanarthecium luteoviride 064
Tofieldia nuda 066

Iridaceae
Iris dichotoma 068
Iris koreana 070

Orchidaceae
Cremastra unguiculata 072
Cypripedium japonicum 074
Cypripedium macranthom 076
Galeola septentrionalis 078
Gymnadenia conopsea 080
Habenaria radiata 082
Neofinetia falcata 084
Sarcochilus japonicus 086
Vexillabium yakushimensis 088
Calanthe discolor for. *sieboldii* ...090

Endangered (EN)

Psilotaceae
Psilotum nudum 094

Ranunculaceae
Isopyrum manshuricum 096
Megaleranthis saniculifolia 098
Pulsatilla tongkangensis 100
Anemone narcissiflora 102

Droseraceae
Drosera peltata var. *nipponica* ...104

Paeoniaceae
Paeonia lactiflora var. *trichocarpa* 106

Saxifragaceae
Deutzia paniculata 108

Rosaceae
Aruncus aethusifolius 110

Leguminosae
Albizia kalkora 112
Echinosophora koreensis 114

Trifolium lupinaster for. *alpinus* ...116

Rhamnaceae
Paliurus ramosissimus 118

Elaeocarpaceae
Elaeocarpus sylvestris var. *ellipticus* 120

Thymelaeaceae
Daphne pseudomezereum var. *koreana* 122

Primulaceae
Primula modesta var. *fauriae* ...124
Trientalis europaea var. *arctica* ...126

Oleaceae
Osmanthus insularis 128

Gentianaceae
Pterygocalyx volubilis 130

Scrophulariaceae
Pedicularis mandshurica 132

Caprifoliaceae
Abelia mosanensis 134
Abelia tyaihyoni 136

Violaceae
Viola websteri 138

Compositae
Dendranthema coreanum 140
Hololeion maximowiczii 142

Liliaceae
Tofieldia coccinea var. *kondoi* ...144

Amaryllidaceae
Crinum asiaticum var. *japonicum* 146
Lycoris chinensis var. *sinuolata* ...148
Lycoris sanguinea var. *koreana* ...150
Lycoris uydoensis 152

Iridaceae
Iris uniflora var. *caricina* 154

Araceae
Arisaema takesimense 156

Orchidaceae
Calanthe reflexa 158
Cymbidium macrorrhizum 160
Gymnadenia camtschatica 162
Lecanorchis japonica 164

Vulnerable (VU)

Dryopteridaceae
Dryopteris tokyoensis 168

Phytolaccaceae
Phytolacca insularis 170

Ranunculaceae
Hepatica maxima 172
Ranunculus kazusensis 174

Nympaeaceae
Brasenia schreberi 176
Euryale ferox 178

Paeoniaceae
Paeonia japonica 180

Droseraceae
Drosera rotundifolia 182

Crassulaceae
Hylotelephium ussuriense 184

Euphorbiaceae
Euphorbia fauriei 186

Rhamnaceae
Berchemia berchemiaefolia 188

Malvaceae
Hibiscus hamabo 190

Umbelliferae
Bupleurum euphorbioides 192

Ericaceae
Rhododendron micranthum 194

Empetraceae
Empetrum nigrum var.
　　　　　　　　japonicum ...196

Myrsinaceae
Ardisia crenata 198

Oleaceae
Forsythia ovata 200

Orobanchaceae
Aeginetia indica 202

Lentibulariaceae
Utricularia bifida 204
Utricularia vulgaris var.
　　　　　　　　japonica ...206

Campanulaceae
Hanabusaya asiatica 208

Compositae
Parasenecio pseudotaimingasa ...210

Liliaceae
Lilium callosum 212
Lilium cernuum 214
Trillium tschonoskii 216

Iridaceae
Iris minutiaurea 218
Iris odaesanensis 220

Orchidaceae
Calanthe discolor 222
Pogonia japonica 224
Pogonia minor 226

Least Concern (LC)

Aspleniaceae
Asplenium scolopendrium 230

Pinaceae
Abies koreana 232
Tsuga sieboldii 234

Ranunculaceae
Aconitum japonicum subsp. *napiforme* ...236
Anemone koraiensis 238
Eranthis byunsanensis 240
Eranthis stellata 242

Papaveraceae
Coreanomecon hylomeconoides ...244

Hamamelidaceae
Corylopsis gotoana var. *coreana* ...246

Rosaceae
Exochorda serratifolia 248

Umbelliferae
Glehnia littoralis 250

Pyrolaceae
Monotropa uniflora 252

Ericaceae
Rhododendron brachycarpum ...254

Oleaceae
Chionanthus retusus 256
Syringa wolfii 258

Labiatae
Salvia chanryonica 260
Scutellaria insignis 262

Lentibulariaceae
Utricularia racemosa 264

Valerianaceae
Patrinia saniculaefolia 266

Campanulaceae
Campanula takesimana 268

Hydrocharitaceae
Hydrocharis dubia 270

Liliaceae
Maianthemum dilatatum 272

Iridaceae
Iris ensata var. *spontanea* 274

Gramineae
Phacelurus latifolius 276

Index 278
References 286

멸종위기종
Critically Endangered (CR)

물부추

Isoetes japonica A.Braun
물부추과 | Isoetaceae
Mulbuchu

| 식 물 | 연못이나 하천에 자라는 여러해살이 양치식물로 높이 15~30cm 정도이다. 검은색의 뿌리줄기는 짧고 3개로 갈라져 홈이 있으며 홈 아래로 흰색 뿌리가 많이 나온다. 잎은 짙은 녹색이며 단면이 둥글고 다소 모가 진다. 포자낭은 뿌리줄기의 안쪽에 생기며 대포자는 흰색의 구슬 모양으로 표면에 규칙적인 구멍이 있어 벌집같이 보인다.

| 분 포 | 한국(울산시; 제주도)

| 평가내용 | 멸종위기종 / 국가단위

| Description | Perennial herbs, about 15-30 cm tall, growing in ponds or rivers. Rootstock short, divided into 3 black grooves; numerous white roots arising from grooves separating rootstock lobes. Leaves dark green, somewhat around in cross section. Sporangium borne adaxially at leaf base. Megaspores white, bead-shaped holes on the surface giving the appearance of a bee hive.

| Distribution | Korea (Ulsan-si; Jeju-do)

| Assessment | CR / National

제주고사리삼

Mankyua chejuense B.Y.Sun, M.H.Kim & C.H.Kim

고 사 리 삼 과 | Ophioglossaceae

Jejugosarisam

| 식 물 | 저지대의 그늘진 습지에서 자라는 여러해살이 양치식물로 동록성이며 높이 3~15cm 정도이다. 뿌리줄기는 짙은 갈색이고 옆으로 긴다. 줄기는 녹색으로 육질이고 털이 없다. 영양엽은 줄기에 수직으로 붙고 3출엽이며 작은잎은 다시 둘로 갈라지기도 한다. 포자엽은 선형이며 줄기 끝 또는 영양엽의 밑 부분에서 1~3개가 나온다. 포자낭군은 포자엽 가장자리를 따라 2줄로 배열하며 포자는 구형이다.

| 분 포 | 한국(제주도 제주시)

| 평가내용 | 멸종위기종 / 국제단위

| Description | Perennial herbs (fronds stay green during winter), grow in lowland swampy areas, about 3-15 cm tall. Rhizome dark brown, creeping horizontally. Stem green, fleshy, hairless. Trophophore blades, perpendicular to a common stem, ternately divided, sometimes further divided into two segments. Sporophores 1-3, spikelike, arising from top of the common stem or at the base of trophophore blades. Sori arranged in 2 rows along the margin of sporophyll. Spores spherical.

| Distribution | Korea (Jeju-do Jeju-si)

| Assessment | CR / International

눈잣나무

Pinus pumila (Pall.) Regel
소 나 무 과 | Pinaceae
Nunjasnamu | Dwarf Stone Pine, Dwarf Siberian Pine

| 식 물 | 높은 산의 능선이나 정상부에 자라는 상록침엽관목으로 사방으로 넓게 퍼지며 높이 1~2m 정도이고 줄기는 지름 15cm 내외이다. 평지에 심으면 곧추 자라고 커진다. 나무껍질은 흑갈색이며 어린가지에 적갈색 연모가 밀생한다. 잎은 5개씩 나며 각 잎은 3개의 능선이 있고 안쪽에 2줄의 백색 기공선이 있다. 꽃은 6~7월에 피며 수꽃송이는 타원형으로 새 가지 아래쪽에 달린다. 암꽃송이는 난형으로 자주색이고 새 가지 끝에 달린다. 열매는 구과로 이듬해 9월에 익는다. |

| 분 포 | 일본, 중국, 러시아 / 한국(강원도 속초시, 양양군, 인제군, 태백시) |

| 평가내용 | 멸종위기종 / 국가단위 |

| Description | Evergreen shrubs, with regularly whorled branches, grow on ridges or summits of high mountains, 1-2 m tall with stem diameter of 15 cm. Stem erect if grown on leveled plains. Bark black brown; young branches covered by dense reddish brown hairs. Short branchelets bearing leaves in bundles of 5, each with 3 ridges and 2 rows of white stomatal lines. Male and female cones develop during June and July. Pollen cones, usually borne in spikelike clusters at base of 1st year branchelets. Seed cones purple, ovate, found toward the tip of new branches. Seed cones ripen during September of following year. |

| Distribution | Japan, China, Russia / Korea (Gangwon-do Sokcho-si, Yangyang-gun, Inje-gun, Taebaek-si) |

| Assessment | CR / National |

설악눈주목

Taxus caespitosa Nakai
주목과 | Taxaceae
Seolaknunjumok

| 식 물 | 높의 산의 능선이나 정상부에 자라는 상록침엽관목으로 옆으로 누워 자라며 가지에서 뿌리가 발달한다. 높이 1~2m 정도이고 나무껍질은 적갈색이다. 잎은 선형으로 표면은 짙은 녹색이고 뒷면은 연한 황색이다. 꽃은 4월에 피고 수꽃은 엽액에 나며 암꽃은 가지 끝에 달린다. 열매는 9월에 붉게 익으며 거의 구형으로 육질의 종의로 둘러싸이나 종자가 일부 노출된다. |

| 분 포 | 한국(설악산) |

| 평가내용 | 멸종위기종 / 국제단위 |

| Description | Evergreen shrubs found on the ridges or the summits of high mountains, grow lying horizontally with roots developing from the branches, about 1-2 m tall. Bark reddish brown. Leaves linear, upper surface dark green, lower surface light yellow. Male and female cones develop in April; pollen cones found on the leaf axil; female cones formed at the tip of twigs. Seed solitary at tip of short twig, partly or completely enclosed by subtending aril. Aril reddish when ripe in September. |

| Distribution | Korea (Mt. Seorak) |

| Assessment | CR / International |

Jeong In Young

목련

Magnolia kobus DC.
목련과 | Magnoliaceae
Mongnyeon | Kobus Magnolia

|식 물| 낙엽교목으로, 관상용으로 심고 있으며 높이 10m, 지름 1m에 달한다. 가지는 굵고 많이 갈라지며 털이 없다. 잎눈에는 털이 없으나 꽃눈의 포에는 털이 밀생한다. 잎은 넓은 난형 또는 도란형으로 끝이 급히 뾰족해지고 밑부분은 넓은 쐐기형이다. 꽃은 3~4월에 잎이 나기 전에 흰색으로 피고 꽃잎은 흰색이지만 기부는 연한 홍색이며 꽃밥과 수술대는 붉은 자주색이다. 열매는 골돌로 원통형이고 9~10월에 익는다.

|분 포| 일본 / 한국(제주도)

|평가내용| 멸종위기종 / 국가단위

|Description| Deciduous trees, usually planted as ornamentals, about 10 m tall with 1 m in diameter. Twigs thick, strong, branched numerously, hairless. Foliar buds without hairs; flower buds covered densely by brown to grayish hairs. Leaves wide ovate or obovate. Leaf apex sharply pointed; leaf base blunt or round. Flowers bloom in March-April, before leaves emerge. Flowers white, petal base light pink; anthers and filaments reddish purple. Fruit aggregate of follicles, cylindrical, ripens from September to October.

|Distribution| Japan / Korea (Jeju-do)

|Assessment| CR / National

2005. KWON SOON NAMU. 산목련.

산작약

Paeonia obovata Maxim.
작약과 | Paeoniaceae
Sanjagyak

| 식 물 | 숲속에서 자라는 여러해살이풀로 높이 50cm 이상이다. 줄기의 밑부분은 비늘 같은 잎으로 싸여 있고 뿌리는 육질로 굵다. 잎은 어긋나게 달리고 3개씩 2회 갈라진다. 작은잎은 도란형으로 끝이 뾰족하고 가장자리는 밋밋하며 뒷면에 털이 드문드문 있다. 꽃은 5~6월에 엷은 홍색으로 피고 줄기 끝에 1개씩 달린다. 열매는 골돌로 8월에 익고 장타원형이다.

| 분 포 | 일본, 중국 / 한국(전역)

| 평가내용 | 멸종위기종 / 국가단위

| Description | Perennial herbs growing in deciduous broad-leaved or mixed broad-leaved forests, taller than 50 cm. Stem bases covered with scale-like leaves and has thick fleshy roots. Leaves alternate, 2-ternate. Leaflets are obovate with sharp pointed tip, entire margin, and are sparsely haired on the lower surface of leaflets. Flowers solitary, terminal, bloom in May-June in light reddish color. Fruit aggregate of follicles, oblong, ripen in August.

| Distribution | Japan, China / Korea (Nationwide)

| Assessment | CR / National

나도승마

Kirengeshoma koreana Nakai
범의귀과 | Saxifragaceae
Nadoseungma

| 식   물 | 숲속에서 자라는 여러해살이풀로 높이 30~100cm 정도이다. 굵은 뿌리줄기가 옆으로 벋고 끝에서 새싹이 돋으며 줄기는 6각형으로 곧추선다. 잎은 마주나고 타원형 또는 원형으로 가장자리는 손바닥 모양으로 얕게 갈라지며 뾰족한 톱니가 있다. 꽃은 8~9월에 엷은 황색으로 피고 줄기 끝에 1~5개가 총상화서로 달린다. 열매는 삭과로 10월에 익고 구형이다.

| 분   포 | 한국(전라남도 광양시; 경상남도 산청군)

| 평가내용 | 멸종위기종 / 국제단위

| Description | Perennial herbs growing in forests, about 30-100 cm tall. Rhizome thick spread horizontally, buds sprout at tip of rhizomes. Stem erect, hexagonal. Leaves opposite, elliptical or spherical, shallowly palmately divided; leaf margin serrate. Inflorescence terminal, raceme, 1-5 clustered. Flowers pale yellow, bloom in August-September. Fruit capsules, spherical, ripen in October.

| Distribution | Korea (Jeollanam-do Gwangyang-si; Gyeongsangnam-do Sancheong-gun)

| Assessment | CR / International

채진목

Amelanchier asiatica (Siebold & Zucc.) Endl. ex Walp.
장미과 | Rosaceae
Chaejinmok

| 식 물 | 낙엽활엽 관목 또는 소교목으로 높이 5~10m 정도이고 나무껍질은 회갈색이며 잔가지는 적갈색으로 둥근 피목이 있다. 겨울눈은 피침형이고 인편은 붉은색으로 안쪽에 털이 있다. 잎은 어긋나게 달리고 난형 또는 장타원형으로 끝이 뾰족하며 가장자리에 얕은 잔톱니가 있다. 꽃은 4~5월에 흰색으로 피고 새 가지 끝의 총상화서에 달린다. 열매는 이과로 10월에 익고 구형이며 검은 자주색이다.

| 분 포 | 일본, 중국 / 한국(한라산)

| 평가내용 | 멸종위기종 / 국가단위

| Description | Deciduous shrubs or small trees, about 5-10 m tall with grayish brown barks. Twigs reddish brown; lenticels round. Winter buds, lanceolate; scales reddish with hairs inside. Leaves alternate, ovate or oblong; leaf apex sharply pointed (acute); leaf margin shallowly serrated. Inflorescence, terminal, raceme. Flowers white, bloom from April to May. Fruit pomes, ripen in dark purple in October.

| Distribution | Japan, China / Korea (Mt. Halla)

| Assessment | CR / National

섬개야광나무

Cotoneaster wilsonii Nakai
장미과 | Rosaceae
Seomgaeyagwangnamu

식 물	바위틈에 자라는 낙엽관목으로 높이 1.5m에 달한다. 나무껍질은 다소 잿빛이 도는 자주색이며 어린 가지에 털이 있다. 잎은 어긋나게 달리고 타원형 또는 난형으로 표면은 녹색, 뒷면은 솜털이 밀생하며 가장자리는 밋밋하다. 탁엽은 선형으로 끝까지 남아 있다. 꽃은 5~6월에 흰색으로 피며 산방상 원추화서에 달리고 포와 소포는 흑자색이다. 열매는 이과로 9~10월에 적자색으로 익으며 난형이다.
분 포	한국(경상북도 울릉군)
평가내용	멸종위기종 / 국제단위

Description	Deciduous shrubs growing in rocky crevices, up to 1.5 m tall. Bark grayish, reddish purple; young twigs hairy. Leaves alternate, elliptical or ovate; leaf margin smooth (entire); upper surface green, lower surface covered by fine soft hairs. Stipules linear. Inflorescence panicle; bracts and braclets dark purple. Flowers white, bloom in May-June. Fruit pomes, ripen in fuchsia color in September-October.
Distribution	Korea (Gyeongsangbuk-do Ulleung-gun)
Assessment	CR / International

섬국수나무

Physocarpus insularis (Nakai) Nakai
장미과 | Rosaceae
Seomguksunamu

| 식 물 | 낙엽관목으로 높이 1m에 달하며 가지는 잿빛이 도는 암갈색이고 잔가지는 약간 붉은빛이 돈다. 잎은 어긋나게 달리고 넓은 난형으로 끝은 뾰족하며 가장자리에 겹톱니가 있다. 꽃은 5~6월에 흰색으로 피고 새 가지 끝에 산방화서로 달린다. 열매는 골돌로 9월에 익고 5개씩 나며 익으면 양쪽 봉선을 따라 터진다. |

| 분 포 | 한국(경상북도 울릉군) |

| 평가내용 | 멸종위기종 / 국제단위 |

| Description | Deciduous shrubs reaching up to 1 m tall. Twigs dark reddish gray with some subtle red tint. Leaves alternate, broadly ovate; leaf apex sharp pointed; leaf margin double serrate. Inflorescence terminal, corymb. Flowers white, bloom from May to June. Fruit aggregate of follicles (5 per flower), ripens in September. Follicles dehiscent along both sutures. |

| Distribution | Korea (Gyeongsangbuk-do Ulleung-gun) |

| Assessment | CR / International |

만 년 콩

Euchresta japonica Hook.f. ex Regel

콩 과 | Leguminosae

Mannyeonkong

| 식 물 | 계곡부의 숲속에 자라는 상록소관목으로 높이 30~80cm 정도이며 줄기는 밑부분이 비스듬히 눕고 뿌리는 약간 굵다. 잎은 어긋나게 달리고 3개의 작은잎으로 된 복엽이다. 작은잎은 타원형 또는 도란형으로 혁질이고 가장자리는 밋밋하다. 꽃은 6~7월에 흰색으로 피고 줄기 끝에 총상화서로 달리며 포는 소형으로 피침형이다. 열매는 협과로 9~11월에 익으며 타원형이고 검은 남자색으로 익는다.

| 분 포 | 일본, 중국/ 한국(제주도 서귀포시)

| 평가내용 | 멸종위기종 / 국가단위

| Description | Evergreen small trees with slightly thicker roots, grow in forest valleys, about 30-80 cm tall. Stem climbing, nearly not branched. Leaves alternate, 3-foliolate. Leaflets elliptical or obovate, coriaceous; margin entire. Inflorescence terminal, raceme; bracts small and lanceolate. Flowers white, bloom from June to July. Fruit legumes, elliptical, ripen from September to November into bluish purple.

| Distribution | Japan, China / Korea (Jeju-do Seogwipo-si)

| Assessment | CR / National

청사조

Berchemia racemosa Siebold & Zucc.
갈매나무과 | Rhamnaceae
Cheongsajo

| 식 물 | 계곡부 숲속에 자라는 덩굴성 낙엽관목으로 가지는 녹색이고 털이 없다. 잎은 난형 또는 타원형으로 밑은 둥글고 끝은 뾰족하거나 약간 둔하며 가장자리는 밋밋하다. 꽃은 8월에 녹백색으로 피고 가지 끝에 원추화서로 많은 꽃이 모여 달린다. 꽃받침은 긴 삼각형으로 끝이 뾰족하다. 열매는 핵과로 9~11월에 익고 타원형이며 처음에는 적색이나 점차 흑색으로 변한다. |

| 분 포 | 일본 / 한국(전라북도 군산시) |

| 평가내용 | 멸종위기종 / 국가단위 |

| Description | Climbing deciduous shrubs, growing in forest valleys. Twigs green without hairs. Leaves, ovate or elliptical; leaf base round, apex blunt or sharply pointed; leaf margin entire. Inflorescence terminal, panicle. Flowers green white, numerous, bloom in August. Fruit drupes, elliptical, ripen in September-November (starting out as red and turning black at maturity). |

| Distribution | Japan / Korea (Jeollabuk-do Gunsan-si) |

| Assessment | CR / National |

독미나리 *Cicuta virosa* L.
산형과 | Umbelliferae
Dongminari | European Waterhemlock

| 식 물 | 습지나 물가에 자라는 여러해살이풀로 높이는 1m에 달한다. 뿌리줄기는 굵고 녹색으로 마디가 있으며 마디 사이는 속이 비어 있다. 줄기는 속이 비어 있으며 가지를 많이 치고 전체에 털이 없다. 잎은 2~3회 깃 모양으로 갈라지고 밑부분의 잎은 삼각상 난형이며 윗부분의 잎은 좁은 피침형 또는 넓은 피침형으로 톱니가 있다. 꽃은 6~8월에 흰색으로 피고 복산형화서로 달린다. 열매는 분열과로 10월에 익고 난상 구형이며 굵은 능선이 있다. |

| 분 포 | 일본, 중국 / 한국(강원도 양구군, 태백시, 평창군, 횡성군) |

| 평가내용 | 멸종위기종 / 국가단위 |

| Description | Perennial herbs growing in marshes or streamsides, up to 1 m tall. Rhizomes thick with green swollen nodes; internodes are hollow. Stem hairless, hollow, highly branched. Leaves divide 2-3 times into feather shape; lower leaves triangular ovate, while upper leaves narrow lanceolate or broadly lanceolate; margin serrate. Inflorescence compound umbels. Flowers white, bloom from June to August. Fruit schizocarps, spherical, mericarps with thick grooves, ripen in October. |

| Distribution | Japan, China, Korea (Gangwon-do, Yanggu-gun, Taebaek-si, Pyeongchang-gun, Hoengseong-gun) |

| Assessment | CR / National |

월귤

Vaccinium vitis-idaea L.
진달래과 | Ericaceae
Wolgyul

| 식 물 | 고산의 정상 부근에 자라는 상록소관목으로 높이 5~20cm 정도이며 땅속줄기는 길게 벋는다. 잎은 어긋나게 달리고 가죽질이며 난형 또는 도란형으로 가장자리가 밋밋하다. 꽃은 6~7월에 흰색 또는 연한 홍색으로 피고 가지 윗부분의 엽액에서 나오는 총상화서에 2~3개씩 달리며 종 모양이다. 열매는 장과로 9월에 붉게 익으며 구형이다.

| 분 포 | 북반구 지역 / 한국(강원도 양양군, 인제군, 홍천군)

| 평가내용 | 멸종위기종 / 국가단위

| Description | Evergreen small shrubs growing near the summits of high mountains, about 5-20 cm in height. Rhizome creeping. Leaves, alternate, leathery texture, ovate or obovate; leaf margin entire. Inflorescence axillary in upper part, raceme, 2-3 flowers. Flowers white or pale pink, campanulate (bell shaped), bloom in June-July. Fruit berries, red, spherical, ripen in September.

| Distribution | Northern Hemisphere / Korea (Gangwon-do, Yangyang-gun, Inje-gun, Hongcheon-gun)

| Assessment | CR / National

미선나무

Abeliophyllum distichum Nakai
물푸레나무과 | Oleaceae
Miseonnamu | White Forsythia, Abeliophylum

|식 물| 산기슭이나 석회암 전석지에 자라는 낙엽관목으로 높이 1m에 달한다. 가지는 끝이 처지며 자줏빛이 돈다. 잎은 마주나고 난형 또는 타원상 난형이다. 잎의 끝은 뾰족하고 밑은 둥글며 가장자리는 밋밋하다. 꽃은 3~4월에 잎보다 먼저 피고 흰색 또는 연한 홍색이며 총상화서에 달린다. 열매는 시과로 9~10월에 익고 둥근 부채 모양이며 끝이 오목하게 들어간다.

|분 포| 한국(충청북도 괴산군, 영동군 ; 전라북도 부안군)

|평가내용| 멸종위기종 / 국제단위

|Description| Deciduous shrubs growing on foothills of mountains or limestone boulders, up to 1 m tall. Twig tips purplish and arching toward the ground. Leaves opposite, ovate or elliptical ovate. Leaf apex sharply pointed, leaf bases broadly round; leaf margin entire. Inflorescence raceme. Flowers appearing before leaves, white or pale pink, bloom from March to April. Fruit samaras, fan shaped, concave apex, ripen from September to October.

|Distribution| Korea (Chungcheongbuk-do Goesan-gun, Yeongdong-gun; Jeollabuk-do Buan-gun)

|Assessment| CR / International

대성쓴풀

Anagallidium dichotomum (L.) Grisb.
용담과 | Gentianaceae
Daeseongsseunpul

| 식 물 | 숲속에 자라는 여러해살이풀로 높이 10cm 내외이다. 밑에서 가지가 많이 갈라져서 비스듬히 퍼지며 줄기는 네모지고 좁은 날개가 있다. 잎은 마주나고 뿌리에서 나온 잎은 주걱형이며 줄기에 달린 잎은 난형 또는 난상 피침형이다. 꽃은 5~6월에 흰색으로 피고 가지와 줄기 끝이나 엽액에 달린다. 열매는 삭과로 7~8월에 익고 난형이다.

| 분 포 | 중국, 몽골, 러시아 / 한국(강원도 태백시)

| 평가내용 | 멸종위기종 / 국가단위

| Description | Perennial herbs growing in forests, about 10 cm tall. Stem squared with narrow wings, highly branched below and ascending. Leaves opposite, basal leaves spatula-shaped, cauline (stem) leaves ovate or ovate-lanceolate. Inflorescence terminal or axillary. Flowers white, bloom from May to June. Fruit capsules, ovate, ripen from July to August.

| Distribution | China, Mongolia, Russia / Korea (Gangwon-do Taebaek-si)

| Assessment | CR / National

애기송이풀

Pedicularis ishidoyana Koidz. & Ohwi
현삼과 | Scrophulariaceae
Aegisongipul

| 식 물 | 숲속에 자라는 여러해살이풀로 높이 5~10cm 정도이고 뿌리 끝에서 잎이 모여난다. 잎은 잎자루가 없고 장타원형 또는 피침형으로 깃처럼 갈라지며 가장자리에 톱니가 있다. 꽃은 5~6월에 홍자색으로 피고 뿌리 끝에서 몇 개의 꽃자루가 나와 그 끝에 1개씩 달린다. 열매는 삭과로 6~7월에 익는다. |

| 분 포 | 한국(경기도 가평군, 연천군 ; 강원도 횡성군; 경상북도 영양군) |

| 평가내용 | 멸종위기종 / 국제단위 |

Description Perennial herbs, hemiparasitic, about 5-10 cm tall, grow in forests. Plants scapose. Leaves basal rosette, sessile (without petioles), oblong or lanceolate; leaf margin serrate. Inflorescence terminal, solitary. Flowers reddish purple, bloom from May to June. Fruit capsules, ripen from June to July.

Distribution Korea (Gyeonggi-do Gapyeong-gun, Yeoncheon-gun; Gangwon-do Hoengseong-gun; Gyeongsangbuk-do Yeongyang-gun)

Assessment CR / International

섬현삼 *Scrophularia takesimensis* Nakai
현삼과 | Scrophulariaceae
Seomhyeonsam

| 식   물 | 해안가에 자라는 여러해살이풀로 높이가 1m에 달하고 뿌리는 육질로 비대하다. 줄기는 날개가 있고 곧추선다. 잎은 마주나고 넓은 난형이며 가장자리에 크고 뾰족한 톱니가 있다. 꽃은 6~7월에 자주색으로 피며 줄기 끝의 원추화서에 많은 꽃이 달린다. 열매는 삭과로 8~9월에 익고 둥근 모양이나 끝이 뾰족하다. |

| 분   포 | 한국(경상북도 울릉군) |

| 평가내용 | 멸종위기종 / 국제단위 |

| Description | Perennial herbs growing on the coastal areas, reaching a height of 1 m. Roots fleshy and thick. Stem erect with wings. Leaves wide ovate with coarsely sharp serrated margin. Inflorescence terminal, panicle with numerous flowers. Flowers purple, bloom from June to July. Fruit capsules, spherical with pointed tip, ripen from August to September. |

| Distribution | Korea (Gyeongsangbuk-do Ulleung-gun) |

| Assessment | CR / International |

백양더부살이

Orobanche filicicola Nakai
열당과 | Orobanchaceae
Baegyangdeobusali

식 물	강변의 풀밭에 자라는 여러해살이 기생식물로 높이는 10~30cm 정도이다. 줄기는 여러 대가 모여 나며 희고 부드러운 털이 많다. 잎은 비늘 모양으로 5~7장이 달리며 난형 또는 피침형으로 끝이 뾰족하다. 꽃은 5~6월에 피고 줄기 끝에 많은 꽃이 모여 달리며 푸른 보라색이나 화관의 아랫부분은 흰색이다. 열매는 삭과로 7~8월에 익고 난형으로 끝이 꼬리처럼 길어진다.
분 포	한국(전라북도 정읍시; 제주도)
평가내용	멸종위기종 / 국제단위

Description	Perennial herbs, parasitic, growing on the grasslands of river banks, about 10-30 cm tall. Stem clustered together, covered by dense white soft hairs. Leaves scale-like, ovate with sharp pointed apex, 5-7 leaves spirally arranged. Inflorescence terminal, numerous flowers. Flowers blue purple, floral tube bottom white, bloom from May to June. Fruit capsules, ovate, ripen from July to August.
Distribution	Korea (Jeollabuk-do Jeongeup-si; Jeju-do)
Assessment	CR / International

단양쑥부쟁이

Aster altaicus var. *uchiyamae* Kitam.
국화과 | Compositae
Danyangssukbujaengi

| 식 물 | 냇가 모래땅에 자라는 두해살이풀로 1년생의 줄기는 높이 15cm에 달하고 잎이 총생한다. 2년생의 줄기는 높이 30~50cm 정도로 털이 다소 있으며 자줏빛이 돈다. 흔히 윗부분에서 가지가 갈라져 사방으로 퍼진다. 뿌리에서 돋은 잎은 꽃이 필 때 없어지며 줄기에 달린 잎은 잎자루가 없고 선형으로 끝이 뾰족하다. 꽃은 8~9월에 연한 보라색으로 피고 꽃자루에 선상의 잎이 많이 달린다. 열매는 10월에 익고 납작한 도란형으로 털이 밀생하며 관모는 붉은빛이 돈다. |

| 분 포 | 한국(경기도 여주군; 충청북도 단양군, 제천시) |

| 평가내용 | 멸종위기종 / 국제단위 |

| Description | Biennial herbs growing in the sandy soil along streams, 1st year stem about 15 cm in height, leaves whorled. 2nd year stem about 30-50 cm tall, coarsely haired, purplish in color. Stems often highly branched in upper part. Basal leaves senescent and fall off when the flowers bloom; stem leaves are sessile (without petiole), linear; leaf apex sharply pointed. Inflorescence heads; bracts numerous, linear shaped. Flowers light purple, bloom from August to September. Fruit achenes, depressed, obovate, covered by dense soft hairs, ripen in October. Pappus reddish in color. |

| Distribution | Korea (Gyeonggi-do Yeoju-gun; Chungcheongbuk-do Danyang-gun, Jecheon-si) |

| Assessment | CR / International |

날개하늘나리

Lilium dauricum Ker Gawler.
백합과 | Liliaceae
Nalgaehaneullari | Candlestick Lily

| 식 물 | 산이나 들에 나는 여러해살이풀로 높이 20~90cm 정도이며 비늘줄기가 있고 인편의 위쪽에 관절이 있다. 원줄기는 곧추서며 세로로 능선 또는 좁은 날개가 있다. 잎은 어긋나게 달리고 잎자루가 없으며 피침형이다. 꽃은 7~8월에 피고 황적색 바탕에 자주색 반점이 있으며 원줄기 끝에 1~5송이가 위를 향해 달린다. 열매는 삭과로 9월에 익고 좁은 도란형이며 곧게 선다.

| 분 포 | 일본, 중국, 한국(강원도 양구군, 인제군, 태백시)

| 평가내용 | 멸종위기종 / 국가단위

| Description | Perennial herbs, bulbiferous, grow on mountains or open fields, about 20-90 cm tall. Scaly bulb jointed at top of the scales. Stem erect with vertical ridges or narrow wings. Leaves alternate, sessile (no petiole), linear. Inflorescence terminal, 1-5 flowers, erect. Flowers yellowish red with purple spots, bloom from July to August. Fruit capsules, narrow obovate, erect, ripen in September.

| Distribution | Japan, China / Korea (Gangwon-do Yanggu-gun, Inje-gun, Taebaek-si)

| Assessment | CR / National

칠보치마

Metanarthecium luteoviride Maxim.
백합과 | Liliaceae
Chilbochima

| 식 물 | 양지바른 습지에 자라는 여러해살이풀로 높이 20~40cm 정도이다. 뿌리줄기는 짧고 곧으며 많은 잔뿌리를 낸다. 줄기는 곧추서며 때때로 1~2개의 가지가 있으나 잎은 없다. 잎은 뿌리에서 모여나며 사방으로 퍼지고 도피침형이다. 꽃은 6~7월에 황록색으로 피고 줄기 끝에 여러 개가 총상화서로 달린다. 열매는 삭과로 난형이고 암술대가 달려 있으며 화피도 남아서 열매를 감싼다.

| 분 포 | 일본 / 한국(경기도 수원시; 경상남도 남해군)

| 평가내용 | 멸종위기종 / 국가단위

| Description | Perennial herbs, grow in sunny wetlands, about 20-40 cm in height. Rhizome short, straight, numerous fine roots at nodes. Stems erect, sometimes 1-2 branched, leafless. Leaves basal, oblanceolate. Inflorescence terminal, raceme, several flowers. Flowers yellowish green, bloom in June-July. Fruit capsules, ovate with persistent style, covered by persistent perianth.

| Distribution | Japan / Korea (Gyeonggi-do Suwon-si; Chungcheongnam-do Namhae-gun)

| Assessment | CR / National

꽃장포

Tofieldia nuda Maxim.
백합과 | Liliaceae
Kkotjangpo

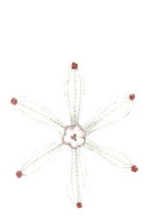    

| 식 물 | 산지의 습기가 있는 바위틈에 자라는 여러해살이풀로 높이 10~30cm 정도이다. 뿌리줄기는 짧으나 드물게 실같이 길어지고 뿌리는 튼튼하다. 잎은 뿌리에서 모여나고 좌우로 편평하며 굽은 선형이다. 잎끝은 뾰족하고 밑부분이 안쪽의 잎을 마주 안기 때문에 2줄로 배열한다. 꽃은 7~8월에 흰색으로 피고 총상화서에 많은 꽃이 달린다. 열매는 삭과로 8~9월에 익고 타원형이다. |

| 분 포 | 일본 / 한국(경기도 연천시; 강원도 양구군, 화천군) |

| 평가내용 | 멸종위기종 / 국가단위 |

Description Perennial herbs growing in damp rocky crevices in mountains, about 10-30 cm tall. Rhizome short, rarely become fibrously elongated, with robust roots. Leaves basal, 2-ranked, sword shaped, laterally flattened, with acute apex. Inflorescence raceme, numerous flowers. Flowers white, bloom from July to August. Fruit capsules, elliptical, ripen from August to September.

Distribution Korea (Gyeonggi-do Yeoncheon-gun; Gangwon-do Yanggu-gun, Hwacheon-gun)

Assessment CR / National

대청부채

Iris dichotoma Pall.
붓꽃과 | Iridaceae
Daecheongbuchae

| 식 물 | 해안가 절벽에서 자라는 여러해살이풀로 높이 50~100cm 정도이다. 뿌리줄기는 짧고 굵으며 불규칙한 마디가 있다. 줄기는 분백색이 돌고 곧추선다. 잎은 칼 같은 모양이고 서로 얼싸안고 2줄로 배열되어 부챗살처럼 보인다. 꽃은 8~9월에 피고 분홍빛이 도는 보라색으로 윤채가 있으며 자갈색의 반점이 있다. 열매는 삭과로 10월에 익고 원주형이다.
| 분 포 | 중국, 몽골 / 한국(인천시 옹진군)
| 평가내용 | 멸종위기종 / 국가단위

| Description | Perennial herbs, growing on coastal cliffs, about 50-100 cm tall. Rhizomes very short, stout with irregular node. Stems erect, powdery white. Leaves sword shaped, equitant, 2-ranked, resembling the lines of a fan. Flowers pinkish purple, bloom from August to September, with brown spots. Fruit capsules, terete, ripen in October.

| Distribution | China, Mongolia / Korea (Incheon-si Ongjin-gun)

| Assessment | CR / National

노랑붓꽃

Iris koreana Nakai
붓꽃과 | Iridaceae
Norangbuskkot

| 식　물 | 숲속에 자라는 여러해살이풀로 높이는 20cm에 달한다. 뿌리줄기는 가늘고 길게 옆으로 벋으며 근립이 있다. 줄기는 모여 나고 잎은 창 모양으로 아래쪽이 줄기를 감싸며 겉에 마른 잎이 남아 있다. 꽃은 4~5월에 노란색으로 피고 항상 꽃줄기 끝에 2개씩 달린다. 열매는 삭과로 6~7월에 익는다. 삭과는 넓은 난형으로 예리한 3능선이 있으며 끝이 긴 부리 모양이다. |

| 분　포 | 중국 / 한국(전라북도 부안군, 정읍시; 전라남도 장성군; 경상북도 칠곡군) |

| 평가내용 | 멸종위기종 / 국가단위 |

Description Perennial herbs growing in forests, reaching 20 cm in height. Rhizome long and slender, creeping, with root nodules. Stem clustered together. Leaves spear shaped, enveloping the stem, dried leaves remaining outside. Inflorescence terminal, 2 flowers. Flowers yellow, bloom from April to May. Fruit capsules, wide egg-shaped with 3 sharp ridges and elongated beak, ripen from June to July.

Distribution China / Korea (Jeollabuk-do Buan-gun, Jeongeup-si; Jeollanam-do Jangseong-gun; Gyeongsangbuk-do Chilgok-gun)

Assessment CR / National

두잎약난초

Cremastra unguiculata (Finet) Finet
난초과 | Orchidaceae
Duipyangnancho

| 식 물 | 숲속에 자라는 여러해살이풀로 높이 25~40cm 정도이고 위인경은 난상 구형이며 녹색이다. 잎은 1~2장이며 장타원형이고 3개의 주맥이 있다. 꽃줄기는 곧추서고 2개의 초상엽이 있으며 포는 피침형이다. 꽃은 5~6월에 피고 황갈색 바탕에 자주색 반점이 있다. 열매는 삭과로 7~8월에 익고 타원형이다. |

| 분 포 | 일본 / 한국(제주도) |

| 평가내용 | 멸종위기종 / 국가단위 |

| Description | Perennial herbs growing in forests, about 25-40 cm tall. Pseudobulbs, green, ovoid-spherical. Leaves 1-2, oblong with 3 major veins. Flowering stem erect with 2 tubular sheaths below middle, floral bract lanceolate. Flowers brownish with purple spots, bloom from May to June. Fruit capsules, elliptical, ripen from July to August. |

| Distribution | Korea (Jeju-do) |

| Assessment | CR / National |

광릉요강꽃

Cypripedium japonicum Thunb. ex Murray
난초과 | Orchidaceae
Gwangneungyogangkkot

| 식 물 | 숲속에 자라는 여러해살이풀로 높이 20~40cm 정도이다. 뿌리줄기는 옆으로 벋고 마디에서 뿌리가 내린다. 줄기는 곧추서고 털이 있으며 밑부분이 3~4개의 초상엽으로 싸인다. 잎은 주름이 지며 2개의 큰 잎이 마주난 것처럼 원줄기를 완전히 둘러싸 치마를 펼친 모양이다. 꽃은 4~5월에 피고 연한 황록색 바탕에 홍자색 맥이 있으며 줄기 끝에서 1송이가 밑을 향해 달린다. 열매는 삭과로 7~8월에 익고 타원형이다. |

| 분 포 | 일본, 중국 / 한국(경기도 가평군, 포천시; 강원도 춘천시, 화천군; 전라북도 무주군) |

| 평가내용 | 멸종위기종 / 국가단위 |

| Description | Perennial herbs growing in forests, about 20-40 cm tall. Rhizome creeping, rooting at nodes. Stem erect, covered by hairs (brown tomentose), 3-4 tubular sheaths below middle. Leaves wrinkled, appeared as 2 large leaves opposite to each other, enveloping the stem, resembled a spreadout skirt. Inflorescence terminal, with a solitary pendulous flower. Flowers light green with reddish veins, bloom from April to May. Fruit capsules, elliptical, ripen from July to August. |

| Distribution | Japan, China / Korea (Gyeonggi-do Gapyeong-gun, Pocheon-si; Gangwon-do Chuncheon-si, Hwacheon-gun; Jeollabuk-do Muju-gun) |

| Assessment | CR / National |

복주머니란

Cypripedium macranthom Sw.
난초과 | Orchidaceae
Bokjumeoniran | Bigflower Ladyslipper

| 식 물 | 산지의 양지 쪽 풀밭이나 숲속에 자라는 여러해살이풀로 높이 25~40cm 정도이다. 뿌리줄기는 옆으로 벋으며 마디에서 뿌리가 내린다. 줄기는 곧추서고 털이 있으며 밑부분이 2~3개의 초상엽으로 싸인다. 잎은 어긋나게 달리고 타원형이며 밑은 줄기를 감싼다. 꽃은 5~7월에 연한 자색 또는 홍자색으로 피고 줄기 끝에서 1송이가 밑을 향해 달린다. 열매는 삭과로 7~8월에 익는다.

| 분 포 | 일본, 중국, 유럽 / 한국(전역)

| 평가내용 | 멸종위기종 / 국가단위

| Description | Perennial herbs growing on sunny side of mountain meadows or in forests, about 25-40 cm tall. Rhizome creeping, rooting at nodes. Stem erect, covered by hairs, with 2 or 3 tubular sheaths below middle. Leaves alternate, elliptical, base wraps around the stem. Inflorescence terminal, with a solitary pendulous flower. Flowers light purple or reddish purple, bloom from May to July. Fruit capsules, ripen from July to August.

| Distribution | Japan, China, Europe / Korea (Nationwide)

| Assessment | CR / National

으름난초

Galeola septentrionalis Rchb.f.
난초과 | Orchidaceae
Eureumnancho

식 물	썩은 균사에 기생하는 여러해살이 부생식물로 높이 50~100cm 정도이다. 뿌리줄기는 굵고 옆으로 길게 벋으며 많은 뿌리를 낸다. 줄기는 곧추서고 육질로, 윗부분에서 가지가 갈라지며 갈색털이 밀생한다. 잎은 뒷면이 부푼 3각형의 인편상이고 마르면 가죽같이 된다. 꽃은 6~7월에 황갈색으로 피고 자방과 꽃받침 뒷면에 갈색털이 있다. 열매는 장타원형으로 8~9월에 붉게 익고 으름같이 처져 달린다.
분 포	일본, 중국 / 한국(충청남도 태안군; 전라북도 진안군; 전라남도 보성군, 영암군; 제주도)
평가내용	멸종위기종 / 국가단위

Description	Perennial herbs, mycotrophic (saprophytic on rotten hyphae of fungi), about 50-100 cm tall. Rhizome thick and creeping with numerous roots. Stem erect, fleshy, branched at top, covered by dense brown hairs (brown tomentose). Leaves lower surface inflated triangular scaly and dries into leather like texture. Flowers yellowish brown, bloom in June-July. Ovary and abaxial surface of calyx covered by brown hairs. Fruit capsules, oblong, ripen in August and September, reddish, pendulous like akebia.
Distribution	Japan, China / Korea (Chungcheongnam-do Taean-gun; Jeollabuk-do Jinan-gun; Jeollanam-do Boseong-gun, Yeongam-gun; Jeju-do)
Assessment	CR / National

손바닥난초

Gymnadenia conopsea (L.) R.A.Br
난초과 | Orchidaceae
Sonbadangnancho | Conic Gymnadenia

| 식 물 | 고산지역의 습한 곳에 자라는 여러해살이풀로 높이 3~60cm 정도이다. 뿌리의 일부분이 손바닥처럼 굵어지며 줄기는 곧추서고 4~6개의 잎이 어긋나게 달린다. 잎은 넓은 선형으로 끝이 뾰족하지만 밑부분의 것은 끝이 둔하고 아래쪽이 줄기를 감싼다. 꽃은 6~7월에 연한 홍자색으로 피며 줄기 끝의 수상화서에 많은 꽃이 달린다. 포는 넓은 피침형으로 길게 뾰족해진다. 열매는 삭과로 9월에 익고 타원형이다. |

| 분 포 | 중국, 몽골, 러시아, 유럽 / 한국(제주도) |

| 평가내용 | 멸종위기종 / 국가단위 |

| Description | Perennial herbs growing in humid alpine regions, about 3-60 cm tall. Tubers palmately lobed and fleshy. Stem erect with 4 to 6 alternate cauline leaves. Leaves linear, apex acute, base obtuse and wraps around the stem. Inflorescence terminal, spike, numerous flowers. Flowers light reddish purple, bloom from June to July. Fruit capsules, elliptical, ripen in September. |

| Distribution | China, Mongolia, Russia, Europe / Korea (Jeju-do) |

| Assessment | CR / National |

해오라비난초

Habenaria radiata (Thunb. ex Murray) Spreng.
난초과 | Orchidaceae
Haeorabinancho

| 식 물 | 양지바른 습지에 자라는 여러해살이풀로 높이 20~40cm 정도이다. 덩이줄기는 타원형으로 옆으로 벋는 뿌리줄기가 돋고 그 끝에 구경이 달려 번식한다. 원줄기는 곧추서고 밑부분에 1~2개의 초상엽이 있으며 그 위에 3~5개의 큰 잎이 어긋나게 달린다. 잎은 비스듬히 서며 넓은 선형이고 아래쪽은 줄기를 감싼다. 줄기 윗부분에는 몇 개의 포 같은 잎이 달린다. 꽃은 7~8월에 흰색으로 피고 순판의 측열편이 잘게 갈라져 새가 날개를 편 모양이다. 열매는 삭과로 9월에 익고 원주형이다. |

| 분 포 | 일본 / 한국(경기도 수원시; 강원도 양구군, 정선군, 홍천군; 경상북도 상주시; 경상남도 산청군) |

| 평가내용 | 멸종위기종 / 국가단위 |

| Description | Perennial herbs, grow in sunny wetlands, about 20-40 m tall. Rhizome tuberous, elliptical, creeping, tipped and reproduced by corms. Stem erect, with 1-2 tubular sheaths below middle. Leaves large, alternate, 3 to 5 attached above tubular sheaths. Leaves obliquely angled, broadly linear, base envelops the stem. Stem upper part with few bracts. Flowers white, bloom from July to August, labella margin finely ciliated, shaped like bird wings. Fruit capsules, terete, ripen in September. |

| Distribution | Japan / Korea (Gyeonggi-do Suwon-si; Gangwon-do Yanggu-gun, Jeongseon-gun, Hongcheon-gun; Gyeongsangbuk-do Sangju-si; Gyeongsangnam-do Sancheong-gun) |

| Assessment | CR / National |

풍란

Neofinetia falcata (Thunb. ex Murray) Hu

난초과 | Orchidaceae

Pungnan | Sickle Neofinetia

| 식 물 | 나무나 바위에 붙어 자라는 상록성 여러해살이풀로 밑부분에서 끈 같은 뿌리가 사방으로 돋는다. 줄기는 짧고 두꺼우며 구부러진다. 잎은 넓은 선형으로 단면이 V자형이고 여러 개의 잎이 좌우에서 서로 마주보고 달리며 뒤로 활처럼 굽는다. 꽃은 7~8월에 피고 흰색이며 3~5개의 꽃이 총상화서로 달린다. 열매는 삭과로 10월에 익으며 곤봉 모양이다.

| 분 포 | 일본, 중국, 대만 / 한국(전라남도 신안군, 여수시, 완도군, 진도군; 경상남도 거제시, 남해군, 통영시; 제주도)

| 평가내용 | 멸종위기종 / 국가단위

| Description | Perennial herbs, evergreen, epiphytic on tree trunks or lithophytic on rocks. Roots many, aerial, fleshy, creeping. Stem short, thick, curved. Leaves broadly linear, v-shaped in cross-section, opposite, recurved like bow. Inflorescence raceme, 3-5 flowers. Flowers white, bloom from July to August. Fruit capsules, club shaped, ripen in October.

| Distribution | Japan, China, Taiwan / Korea (Jeollanam-do Shinan-gun, Yeosu-si, Wando-gun, Jindo-gun; Gyeongsangnam-do Geoje-si , Namhae-gun, Tongyeong-si; Jeju-do)

| Assessment | CR / National

비자란

Sarcochilus japonicus (Rchb.f.) Miq.
난초과 | Orchidaceae
Bijaran

| 식 물 | 상록수림에 착생하여 자라는 여러해살이풀로 공기뿌리가 줄기 중간에서 길게 나온다. 줄기는 가늘며 묵은 잎집에 싸이고 잎은 피침형이다. 꽃줄기는 가늘고 잎 사이에서 2~3송이 꽃이 나오며 4~5월에 연한 노란색으로 핀다. 열매는 삭과로 장타원형이며 세로줄이 있다.

분 포 │ 일본, 중국 / 한국(제주도 서귀포시)

평가내용 │ 멸종위기종 / 국가단위

Description │ Perennial herbs, epiphytic on tree trunks in evergreen forests. Long aerial roots emerge from middle of stems. Stem rather slender, surrounded by aged leaf sheath. Leaves lanceolate. Flowering stem, slender, emerge from leaf axil with 2 to 3 flowers. Flowers green yellow, bloom in April to May. Fruit capsules, oblong with vertical stripes.

Distribution │ Japan, China / Korea (Jeju-do Seogwipo-si)

Assessment │ CR / National

백운란

Vexillabium yakushimensis (Yamam.) F.Maek.

난초과 | Orchidaceae

Baegulnan

| 식 물 | 숲속에 자라는 여러해살이풀로 높이 5~10cm 정도이며 뿌리줄기가 옆으로 벋고 마디에서 뿌리가 내린다. 잎은 2~4개가 어긋나고 넓은 난형이며 줄기 밑부분에 모여 난다. 꽃줄기 아래에 1~3개의 비늘 모양의 포가 있다. 꽃은 7~8월에 흰색으로 피고 1~6개의 꽃이 꽃줄기 끝에 달리며 옆을 향해 핀다. 열매는 삭과로 9~10월에 익는다.

| 분 포 | 일본 / 한국(전라북도 정읍시; 전라남도 광양시, 장성군, 함평군; 경상북도 울릉군; 제주도)

| 평가내용 | 멸종위기종 / 국가단위

| Description | Perennial herbs growing in forests, about 5-10 cm tall. Rhizomes creeping below, rooting at nodes. Leaves broadly ovate, 2-4, alternate, clustered at lower stem. Scape with 1 to 3 membranous bracts at lower part. Inflorescence terminal, 1-6 flowers. Flowers white, bloom from July to August, open sideways. Fruit capsules, ripen from September to October.

| Distribution | Japan / Korea (Jeollabuk-do Jeongeup-si; Jeollanam-do Gwangyang-si, Jangseong-gun, Hampyeong-gun, Gyeongsangbuk-do Ulleung-gun; Jeju-do)

| Assessment | CR / National

금새우난초

Calanthe discolor for. *sieboldii* (Decne.) Ohwi
난초과 | Orchidaceae
Geumsaeunancho

| 식 물 | 숲속에 자라는 여러해살이풀로 높이 40cm에 달한다. 뿌리줄기는 옆으로 벋고 염주형으로 마디가 많으며 많은 뿌리를 낸다. 잎은 아래쪽에서 2~3개가 나오며 넓은 타원형이고 주름이 많다. 꽃은 4~5월에 피며 노란색이고 총상화서에 많은 꽃이 달린다. 열매는 삭과로 7~8월에 익고 타원형이다. |

| 분 포 | 일본 / 한국(전라남도 신안군, 완도군; 경상북도 울릉군; 제주도) |

| 평가내용 | 멸종위기종 / 국가단위 |

| Description | Perennial herbs growing in forests, up to 40 cm in height. Rhizome creeping, beads shaped, numerous roots at nodes. Leaves 2-3 at lower part of plant, broadly elliptical, highly wrinkled. Inflorescence raceme, numerous flowers. Flowers yellow, bloom from April to May. Fruit capsule, elliptical, ripens from July to August. |

| Distribution | Japan / Korea (Jeollanam-do Shinan-gun, Wando-gun; Gyeongsangbuk-do Ulleung-gun; Jeju-do) |

| Assessment | CR / National |

위기종
Endangered (EN)

솔잎란

Psilotum nudum (L.) P.Beauv.
솔잎란과 | Psilotaceae
Solipran | Whisk Fern

| 식 물 | 해안가 바위틈에 자라는 상록성 여러해살이 양치식물로 높이 10~30cm 정도이다. 뿌리줄기는 짧고 균근이 발달하며 겉은 갈색 헛뿌리로 덮이지만 진정한 뿌리는 없다. 줄기는 밑에서부터 2개씩 계속 갈라져서 전체가 빗자루같이 되고 연한 녹색이다. 가지는 뚜렷한 모가 지고 작은 가지의 단면은 삼각형이다. 잎은 작은 돌기 같으며 드문드문 어긋난다. 윗부분에 달린 포자엽은 2개로 갈라지며 각 엽액에 포자낭이 1개씩 달리고 3개로 갈라져서 포자가 나온다.

| 분 포 | 일본, 중국, 대만, 미국, 아열대지역 / 한국(전라남도 신안군; 제주도)

| 평가내용 | 위기종 / 국가단위

| Description | Evergreen, perennial ferns grow in between rocks on beach shores, about 10-30 cm tall. Rhizome short and thick, mycorrhizal, covered by brown rhizoid, without true root. Aerial stem green, dichotomously branched, resembling a broom. Branches distinctively angled, small branches triangular in cross section. Sterile appendages on apical part of aerial stem, scale-like, sparsely arranged, alternate. Fertile appendages on upper part of aerial stem, forked, subtending synangium. Synangia globose, lobes 3.

| Distribution | Japan, China, Taiwan, America, Subtropics / Korea (Jeollanam-do Shinan-gun; Jeju-do)

| Assessment | EN / National

만주바람꽃

Isopyrum manshuricum (Kom.) Kom.
미나리아재비과 | Ranunculaceae
Manjubaramkkot | North-Eastern China Isopyrum

| 식   물 | 숲속에 자라는 여러해살이풀로 높이 20cm에 달한다. 뿌리줄기가 옆으로 길게 벋으며 보리알 같은 덩이뿌리가 달린다. 줄기 밑부분은 흰색 막질의 비늘 같은 조각이 있고 흰색의 연한 털이 다소 많이 있다. 뿌리에서 돋은 잎은 잎자루가 길고 2회 3출로 갈라진다. 줄기에 달린 잎은 2~3개이고 잎자루가 짧으며 3개로 갈라진다. 꽃은 4~5월에 흰색으로 피고 줄기의 윗부분 엽액에서 나온 긴 꽃자루 끝에 1개씩 달린다. 열매는 삭과로 6월에 익고 2개씩 달리며 둥근 모양이나 끝에 작은 부리가 있다. |

| 분   포 | 중국 / 한국(경기도 광주시, 남양주시, 연천군; 강원도 평창군, 화천군) |

| 평가내용 | 위기종 / 국가단위 |

| Description | Perennial herbs growing in forests reach 20 cm in height. Rhizome long, creeping with fusiform root blocks. Stem base covered by scale-like white membranes and abundant white soft hairs. Basal leaves long petiolated and 2-ternate. Cauline (stem) leaves short petiolated and further segmented into 3. Inflorescence axillary, solitary. Flowers white, long pediceled, bloom in April and May. Fruit follicles, 2, round with short beak, ripen in June. |

| Distribution | China / Korea (Gyeonggi-do Gwangju-si, Namyangju-si, Yeoncheon-gun; Gangwon-do Pyeongchang-gun, Hwacheon-gun) |

| Assessment | EN / National |

Seung-Hyun Yi 2006

모데미풀

Megaleranthis saniculifolia Ohwi
미나리아재비과 | Ranunculaceae
Modemipul

식 물	깊은 산의 습지 또는 능선부에 자라는 여러해살이풀로 높이 20~40cm 정도이다. 식물체는 모여 나며 뿌리줄기는 가늘고 길다. 뿌리에서 돋은 잎은 긴 잎자루 끝에서 3개로 완전히 갈라진다. 갈라진 조각은 다시 2~3개로 깊게 갈라지며 날카로운 톱니가 있다. 꽃은 4~5월에 흰색으로 피고 꽃줄기 끝에 1개씩 달리며 포는 잎과 비슷하다. 열매는 골돌로 6~7월에 익고 방사상으로 배열하며 끝에 암술대가 붙어 있다.
분 포	한국(경기도 가평군; 강원도 인제군, 횡성군; 전라북도 무주군; 경상북도 봉화군, 안동군; 경상남도 산청군; 제주도)
평가내용	위기종 / 국제단위

Description	Perennial herbs, growing in ridges or shady places of deep mountains, reaching up to 20-40 cm in height. Plants grow in clusters. Rhizome long and slender. Basal leaves deeply 3-parted at the end of long petiole; each segment further deeply 2- to 3-clefted with sharp serrate margin. Inflorescence terminal, solitary; bracts resemble leaves. Flowers white, bloom April-May. Fruit follicles, aggregated radially, beak straight, ripen in June to July.
Distribution	Korea (Gyeonggi-do Gapyeong-gun; Gangwon-do Inje-gun, Hoengseong-gun; Jeollabuk-do Muju-gun; Gyeongsangbuk-do Bonghwa-gun, Andong-si; Gyeongsangnam-do Sancheong-gun; Jeju-do)
Assessment	EN / International

동강할미꽃

Pulsatilla tongkangensis Y.N.Lee & T.C.Lee
미나리아재비과 | Ranunculaceae
Dongganghalmikkot

| 식 물 | 산기슭이나 산정의 바위틈에 자라는 여러해살이풀로 높이 15cm 정도이다. 전체에 흰털이 밀생하고 뿌리는 곧으며 다육질이다. 잎은 뿌리에서 나고 3~7개로 갈라진다. 작은잎은 보통 3갈래로 갈라지며 끝에 둔한 톱니가 있다. 꽃은 4~6월에 청보라색이나 붉은 자주색으로 피고 포는 꽃줄기 밑을 둘러싸고 여러 갈래로 갈라진다. 열매는 수과로 6~7월에 익고 방사상으로 모여 달린다. |

| 분 포 | 한국(강원도 강릉시, 동해시 삼척시, 정선군) |

| 평가내용 | 위기종 / 국제단위 |

Description Perennial herbs growing at foothills of mountains or rocky crevices on the summit of mountains, about 15 cm tall. Often covered with fine white soft hairs. Rhizome erect and fleshy. Leaves basal, 3-7 segmented. Leaflets ternately divided with dull serrate margin. Flowers solitary, bluish purple or red-purple, bloom from April to June. Bracts forming a bell-shaped involucre, deeply lobed. Fruit achenes, aggregated radially, ripen from June to July.

Distribution Korea (Gangwon-do Gangneung-si, Donghae-si, Samcheok-si, Jeongseon-gun)

Assessment EN / International

바람꽃 *Anemone narcissiflora* L.
미 나 리 아 재 비 과 | Ranunculaceae
Baramkkot

| 식 물 | 높은 산의 능선부 습한 곳에 자라는 여러해살이풀로 높이 20~40cm 정도이며 식물체는 모여난다. 뿌리줄기는 짧고 굵으며 마른 잎자루의 섬유로 덮여 있다. 뿌리에서 돋은 잎은 잎자루가 길고 둥근 심장형이며 3개로 완전히 갈라진다. 갈라진 조각은 다시 2~3개로 갈라진 다음 선형으로 깊게 갈라진다. 꽃은 6~8월에 피고 흰색이며 꽃자루 끝에 5~6개의 꽃이 산형으로 달린다. 포는 잎 같고 선형으로 깊게 갈라진다. 열매는 수과로 9~10월에 익고 납작한 타원형이며 두꺼운 날개가 있다. |

| 분 포 | 일본, 중국, 러시아, 미국, 유럽 / 한국(강원도 속초시, 양양군, 인제군) |

| 평가내용 | 위기종 / 국가단위 |

Description Perennial herbs growing on humid ridges of high mountains, about 20-40 cm tall. Plants grow in clump. Rhizome, short, thick, covered with dried fibers. Leaves mostly basal, long petiolated, round heart-shaped, ternately divided. Leaflet 2-3 segmented, deeply lobed. Inflorescence umbellate with 5-6 flowers. Bracts form an involucle and deeply lobed. Flowers white, bloom from June to August. Fruit achenes, compressed, elliptical with thick wings, ripen from September to October.

Distribution Japan, China, Russia, America, Europe / Korea (Gangwon-do Sokcho-si, Yangyang-gun, Inje-gun)

Assessment EN / National

끈끈이귀개

Drosera peltata var. *nipponica* (Masam.) Ohwi
끈끈이주걱과 | Droseraceae
Kkeunkkeunigwigae

| 식 물 | 해안가 산기슭이나 들판의 습한 곳에 자라는 여러해살이 식충식물로 높이 10~30cm 정도이다. 식물체의 밑부분에 덩이줄기가 있으며 줄기는 윗부분에서 가지가 다소 갈라진다. 뿌리에서 돋은 잎은 꽃이 필 때 없어지고 줄기에 달린 잎은 어긋난다. 잎은 초승달 모양으로 위로 굽으며 표면에 긴 선모가 있다. 꽃은 6월에 흰색으로 피고 어릴 때는 줄기 끝에 피나 뒤에 잎과 마주나며 총상화서에 달린다. 열매는 삭과로 8~9월에 익고 둥글며 3개로 갈라진다. |

| 분 포 | 일본, 중국, 대만 / 한국(전라남도 완도군, 진도군, 해남군) |

| 평가내용 | 위기종 / 국가단위 |

| Description | Perennial herbs, carnivorous, growing on coastal foothills and moist places of open fields, about 10-30 cm tall. Stem rhizomatous, branched in upper part. Basal leaves senesce when flowering and cauline leaves alternate. Leaves transversely lunate, adaxial surface with sticky glandular hairs. Inflorescence raceme, terminal when young, but later opposite to leaves. Flowers white, bloom in June. Fruit capsule, round with 3 sutures, ripens from August to September. |

| Distribution | Japan, China, Taiwan / Korea (Jeollanam-do Wando-gun, Jindo-gun, Haenam-gun) |

| Assessment | EN / National |

참작약

Paeonia lactiflora var. *trichocarpa* (Bunge) Stern
작약과 | Paeoniaceae
Chamjagyak

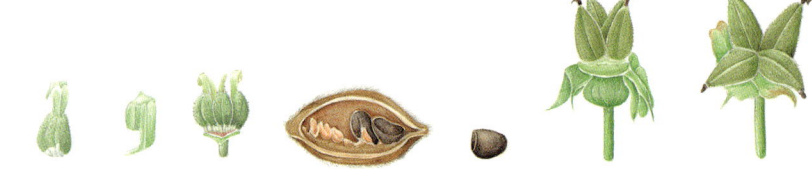

| 식 물 | 산야에 자라는 여러해살이풀로 높이는 60cm에 달한다. 뿌리는 육질로 양 끝이 뾰족한 원기둥 모양으로 길게 자란다. 줄기는 곧게 서고 털이 없다. 잎은 어긋나게 달리고 흔히 2회 3출엽으로 갈라지며 소엽은 피침형 또는 난상 피침형으로 엽신이 흘러 잎자루의 날개로 된다. 꽃은 5~6월에 흰색으로 피나 안쪽에 노란색의 수술이 많고 한 개 또는 갈라진 꽃줄기 끝에 한 송이씩 달린다. 열매는 골돌로 8월에 익고 2~5개가 모여 달리며, 난형으로 표면에 갈색의 거친 털이 밀생한다. |

| 분 포 | 중국 / 한국(강원도 삼척시; 경상북도 울진군, 포항시) |

| 평가내용 | 위기종 / 국가단위 |

Description Perennial herbs, grow in mountains, reaching up to 60 cm in height. Root fleshy, long, pointy ends. Stem erect, hairless. Leaves alternate, 2-ternately divided. Leaflets lanceolate or ovate-lanceolate; petiole winged. Inflorescence terminal, solitary or few flowers together. Flowers white, with numerous yellow stamens in inner part of flower, bloom between May and June. Fruit follicles, aggregated, 2-5, ovate, covered with dense rough brown hairs, ripen in August.

Distribution China / Korea (Gangwon-do Samcheok-si; Gyeongsangbuk-do Uljin-gun, Pohang-si)

Assessment EN / National

꼬리말발도리

Deutzia paniculata Nakai
범의귀과 | Saxifragaceae
Kkorimalbaldori

식 물	산골짜기 바위틈에 자라는 낙엽관목으로 높이 2m에 달한다. 어린가지의 나무껍질은 털이 없으며 홍갈색으로 점차 세로로 갈라진다. 잎은 마주나고 타원형 또는 도란상 타원형이다. 잎 끝은 꼬리처럼 약간 길어지며 밑은 둥글거나 넓게 뾰족하고 가장자리에 잔톱니가 있다. 꽃은 4~5월에 흰색으로 피고 햇가지 끝에 원추화서로 달린다. 열매는 삭과로 9월에 익고 구형이다.
분 포	한국(경상북도 영천시, 청도군; 경상남도 밀양시, 양산시; 대구시 동구; 울산시 울주군)
평가내용	위기종 / 국제단위

Description	Deciduous shrubs, growing in rocky valleys of mountains, about 2 m tall. Twigs reddish brown, hairless and exfoliating. Leaves opposite, elliptical or ovate-elliptical; leaf apex attenuate; leaf base round or obtuse; margin serrate. Inflorescence, terminal in new twigs, panicle. Flowers white, bloom from April to May. Fruit capsules, spherical, ripen in September.
Distribution	Korea (Gyeongsangbuk-do Yeongcheon-si, Cheongdo-gun; Gyeongsangnam-do Miryang-si, Yangsan-si; Daegu-si Dong-gu; Ulsan-si Ulju-gun)
Assessment	EN / International

한라개승마

Aruncus aethusifolius (H.Lév.) Nakai

장미과 | Rosaceae

Hanragaeseungma

| 식 물 | 한라산의 능선부 습한 곳에 자라는 여러해살이풀로 높이 15~30cm 정도이다. 잎은 어긋나게 달리고 잎자루가 길며 2회 깃 모양으로 갈라진다. 작은잎은 난형으로 끝이 꼬리처럼 뾰족하며 깃 모양 또는 날카롭게 갈라진다. 꽃은 5~7월에 황백색으로 피고 줄기 끝에 여러 개의 총상화서가 모여 원추화서를 이룬다. 열매는 골돌로 9~10월에 익고 끝에 암술대가 달려 있다.

| 분 포 | 한국(제주도)

| 평가내용 | 위기종 / 국제단위

| Description | Perennial herbs growing on the damp ridges of Mt. Halla, about 15-30 cm tall. Leaves alternate, long petiolate, 2-pinnate compound. Leaflets ovate, apex sharp pointed and long tapered, sharply segmented. Inflorescence terminal, a panicle formed by several racemes. Flowers yellowish white, bloom in May-July. Fruit follicles, persistent styles, ripen at the end of September to October.

| Distribution | Korea (Jeju-do)

| Assessment | EN / International

왕자귀나무

Albizia kalkora Prain
콩과 | Leguminosae
Wangjagwinamu

| 식 물 | 산기슭 양지에 자라는 낙엽소교목으로 높이 6~8m에 달하나 흔히 3m 정도이다. 잎은 어긋나게 달리고 짝수 2회 우상복엽이다. 작은잎은 마주나고 칼 모양으로 가장자리는 밋밋하다. 꽃은 6~7월에 붉은빛 또는 노란빛이 도는 흰색으로 피며 가지 끝에 두상화서가 총상으로 달린다. 열매는 협과로 10월에 익고 긴 타원형이다.

| 분 포 | 일본, 중국 / 한국(충청남도 서천군; 전라남도 목포시, 무안군, 신안군, 영암군, 진도군)

| 평가내용 | 위기종 / 국가단위

| Description | Small deciduous trees growing in open mountain foothills reaching up to height of 6-8 m, normally about 3 m tall. Leaves bipinnately compound, leaflets opposite, knife shaped with entire margins. Inflorescence of spherical heads, arranged in raceme. Flowers reddish or yellow tinted white. Fruit legumes, long elliptical, ripen in October.

| Distribution | Japan, China / Korea (Chungcheongnam-do Seocheon-gun; Jeollanam-do Mokpo-si, Muan-gun, Shinan-gun, Yeongam-gun, Jindo-gun)

| Assessment | EN / National

개 느 삼

Echinosophora koreensis (Nakai) Nakai
콩 과 | Leguminosae
Gaeneusam

| 식 물 | 산록이나 길가의 메마른 곳에 자라는 낙엽관목으로 높이는 1m 정도이다. 가지는 털이 있고 짙은 갈색이다. 겨울눈은 털로 덮여 있어 보이지 않고 엽흔이 돌출하며 양쪽에 침 같은 포가 있다. 잎은 어긋나게 달리고 홀수 1회 우상복엽으로 작은잎은 타원형이며 양 끝이 둔하다. 꽃은 5월에 노란색으로 피고 새 가지 끝에 총상화서로 달린다. 열매는 협과로 7~9월에 익고 염주 모양이다.
| 분 포 | 한국(강원도 양구군, 인제군, 춘천시)
| 평가내용 | 위기종 / 국제단위

| Description | Deciduous shrubs growing on dry mountain ridges or roadsides, up to about 1 m tall. Stem pubescent, dark brown. Winter buds hidden by hairs. Leaf scars elevated, pair of needle like stipules. Leaves alternate, odd pinnately compound, leaflets elliptical with blunt apex and base. Inflorescence, terminal, raceme. Flowers yellow, bloom in May. Fruit legumes, beads shaped, ripen from July to September.

| Distribution | Korea (Gangwon-do Yanggu-gun, Inje-gun, Chuncheon-si)

| Assessment | EN / International

제주달구지풀

Trifolium lupinaster for. *alpinus* (Nakai) M.Pak

콩과 | Leguminosae

Jejudalgujipul

식물 한라산 정상부 근처에 자라는 여러해살이풀로 높이 15cm 정도이다. 잎은 어긋나게 달리고 작은잎 3~5장이 손바닥 모양으로 달린다. 작은잎은 타원형으로 가장자리에 가는 톱니가 있다. 탁엽은 초상으로 줄기를 감싼다. 꽃은 6~8월에 엷은 홍자색으로 피고 엽액에서 나온 꽃자루 끝에 두상화서로 달린다. 열매는 협과로 8~9월에 익는다.

분포 한국(한라산)

평가내용 위기종 / 국제단위

Description Perennial herbs growing on the summit near Mt. Halla, about 15 cm tall. Leaves alternate, leaflets 3-5, palmately compound, elliptical with finely serrate margin. Stipules wrap around stems (ochrea). Inflorescence heads emerging at the tip of peduncle from leaf axils. Flowers pale reddish purple, bloom in June-August. Fruit legumes, ripen from August to September.

Distribution Korea (Mt. Halla)

Assessment EN / International

갯대추나무

Paliurus ramosissimus (Lour.) Poir.

갈매나무과 | Rhamnaceae

Gaesdaechunamu

| 식 물 | 바닷가에 자라는 낙엽관목으로 높이가 2~3m에 달하고 가지에 갈백색 털이 밀생하지만 점차 없어지며 회백갈색으로 된다. 어린나무에서는 탁엽이 변한 가시가 있으나 늙은나무에서는 없어진다. 잎은 어긋나게 달리고 가죽질로 난형 또는 장타원형이다. 잎의 양 끝은 둥글고 가장자리에 둔한 잔톱니가 있다. 꽃은 6월에 연한 녹색으로 피며 잔가지 윗부분의 엽액에 취산화서로 달린다. 열매는 핵과로 9~10월에 익고 반구형이며 끝에 3갈래로 갈라진 넓은 날개가 있다. |

| 분 포 | 일본, 중국, 대만 / 한국(제주도) |

| 평가내용 | 위기종 / 국가단위 |

| Description | Deciduous shrubs, grow on the beach, reaching 2-3m in height. Stem covered by brownish white dense hairs when young, gradually disappears and turns into grayish white brown. Twigs with thorns (modified stipules), mature trees without thorns. Leaves alternate, leathery, ovate or oblong. Leaf apex and base obtuse (round) and margin dentate. Inflorescence cymes in upper leaf axils. Flowers light green. Fruit drupes with 3 broad transverse wings, hemispherical, ripen from September to October. |

| Distribution | Japan, China, Taiwan / Korea (Jeju-do) |

| Assessment | EN / National |

담팔수

Elaeocarpus sylvestris var. *ellipticus* (Thunb.) H.Hara

담팔수과 | Elaeocarpaceae

Dampalsu

| 식 물 | 산기슭에 자라는 상록교목으로 높이는 20m에 달하고 어린가지에 연한 황갈색 털이 있으나 이내 없어진다. 잎은 어긋나게 달리고 가죽질이며 도피침형 또는 장타원상 피침형이다. 잎끝은 둔하거나 뾰족하고 밑은 뾰족하며 가장자리에 물결 모양의 톱니가 있다. 꽃은 6~7월에 흰색으로 피고 총상화서에 많은 꽃이 모여 달린다. 화서는 잎이 떨어진 묵은 가지의 엽액에서 나온다. 열매는 핵과로 9월에 익고 타원형이며 검은빛을 띤 자주색이다. |

| 분 포 | 일본, 대만 / 한국(제주도) |

| 평가내용 | 위기종 / 국가단위 |

| Description | Evergreen trees, grow in foothills of mountains, reaching up to 20 m in height. Twigs covered by pale brown hairs, disappears later. Leaves alternate, leathery, oblanceolate or oblong-lanceolate. Leaf apex blunt or sharply pointed, base acute with undulate serrated leaf margin. Inflorescence racemes, emerging from axils of old branches without leaves. Flowers white, numerous. Fruit drupes, elliptical, black tinted purple, ripen in September. |

| Distribution | Japan, Taiwan / Korea (Jeju-do) |

| Assessment | EN / National |

두메닥나무

Daphne pseudomezereum var. *koreana* (Nakai) Hamaya
팥꽃나무과 | Thymelaeaceae
Dumedangnamu

| 식 물 | 깊은 산 숲속에 자라는 낙엽관목으로 높이 30~40cm 정도이다. 줄기는 가지가 약간 갈라지고 회갈색이다. 잎은 어긋나고 긴 도란형 또는 도피침형으로 가장자리는 밋밋하며 표면은 청록색, 뒷면은 약간 분백색이 돈다. 꽃은 4~5월에 노란색으로 피고 묵은 가지 끝의 엽액에 총상화서로 달린다. 열매는 장과로 10월에 익고 구형 또는 타원형이며 붉은색으로 익는다.

분 포: 일본 / 한국(강원도 삼척시, 정선군, 태백시, 평창군; 전라북도 무주군)

평가내용: 위기종 / 국가단위

Description: Deciduous shrubs growing in the deep mountain forests, reaching height of about 30-40 cm. Stem brown and irregularly striped. Leaves elongated obovate or oblanceolate, with entire leaf margin. Upper leaf surface green, lower leaf surface slightly powdery white. Inflorescence raceme, axillary. Flowers yellow, bloom from April to May. Fruit drupes, spherical or elliptical, red, ripen in October

Distribution: Japan / Korea (Gangwon-do Samcheok-si, Jeongseon-gun, Taebaek-si, Pyeongchang-gun; Jeollabuk-do Muju-gun)

Assessment: EN / National

설앵초

Primula modesta var. *fauriae* (Franch.) Takeda
앵초과 | Primulaceae
Seolaengcho

| 식 물 | 높은 산의 정상부 근처에 자라는 여러해살이풀로 높이 15cm에 달한다. 잎은 뿌리에서 모여나고 잎자루가 있으며 대체로 구둣주걱 모양이다. 잎의 가장자리에는 톱니가 있고 밑부분이 갑자기 좁아져서 좁은 날개로 되며 뒷면은 흰 연두색 가루를 덮어쓴 것 같다. 꽃은 5~6월에 엷은 자주색으로 피고 꽃줄기 끝에 모여 산형화서로 달린다. 열매는 삭과로 8월에 익고 원기둥 모양이며 끝이 5개로 갈라진다.

| 분 포 | 일본, 중국, 러시아 / 한국(경상남도 밀양시, 양산시, 합천군; 대구시 달성군; 제주도)

| 평가내용 | 위기종 / 국가단위

| Description | Perennial herbs, grow in high mountain tops, reaching a height of 15 cm. Basal leaves with petioles, shoehorn shaped. Leaf margins serrate; leaf base becomes narrow and narrowly winged. Lower leaf surface covered by white green powder. Inflorescence umbels on scapes. Flowers light purple, bloom in May-June. Fruit capsules, cylindrical, ripen in August, longitudinally dehiscent by 5 valves.

| Distribution | Japan, China, Russia / Korea (Gyeongsangnam-do Miryang-si, Yangsan-si, Hapcheon-gun; Daegu-si Dalseong-gun; Jeju-do)

| Assessment | EN / National

기생꽃

Trientalis europaea var. *arctica* (Fisch.) Ledeb.
앵초과 | Primulaceae
Gisaengkkot

| 식 물 | 높은 산의 습한 곳에 주로 자라는 여러해살이풀로 높이 7~25cm 정도이고 실 같은 흰 뿌리줄기가 벋는다. 줄기는 곧추서고 밑부분에 비늘 같은 잎이 달리며 윗부분에 5~10개의 잎이 돌려나듯이 모여 달린다. 잎은 도란형 또는 타원형으로 끝은 둥글며 밑은 좁아져서 줄기에 직접 달리고 가장자리는 밋밋하다. 꽃은 6~8월에 흰색으로 핀다. 열매는 삭과로 9월에 익고 구형이다.

| 분 포 | 일본, 러시아, 미국 / 한국(강원도 속초시, 인제군, 정선군, 태백시; 경상남도 합천군)

| 평가내용 | 위기종 / 국가단위

| Description | Perennial herbs, mainly grow on humid high mountain areas, reaching height of about 7-25 cm. Rhizome white, long, thread-like, creeping. Stem erect, covered by scale-like leaves at lower part. Leaves mostly pseudo-verticillate near apex, 5-10, obovate or elliptical. Leaf apex round, leaf base narrow ended, sessile, leaf margin entire. Flowers white, bloom from June to August. Fruit capsules, spherical, ripen in September.

| Distribution | Japan, Russia, America / Korea (Gangwon-do Sokcho-si, Inje-gun, Jeongseon-gun, Taebaek-si; Gyeongsangnam-do Hapcheon-gun)

| Assessment | EN / National

박달목서

Osmanthus insularis Koidz.
물푸레나무과 | Oleaceae
Bakdalmokseo

식 물	상록활엽교목으로 높이 15m에 달한다. 잔가지는 다소 편평하며 나무껍질은 회색으로 전체에 털이 없다. 잎은 마주나고 장타원형 또는 난상 장타원형으로 끝이 뾰족하다. 잎의 가장자리는 밋밋하지만 어린나무 끝에 달린 잎은 뾰족한 톱니가 다소 있다. 꽃은 11~12월에 흰색으로 피고 엽액에 모여 달린다. 열매는 핵과로 타원형이며 다음해 5월에 흑색으로 익는다.
분 포	일본 / 한국(전라남도 신안군, 여수시; 제주도 서귀포시)
평가내용	위기종 / 국가단위

Description	Evergreen deciduous trees, reaching 15 m in height. Twigs compressed. Bark gray, hairless throughout. Leaves oblong or ovate-oblong with acute apex. Leaf margin entire, young twig leaves with serrate margin. Inflorescence axillary. Flowers white, bloom in November-December. Fruit drupes, elliptical, ripen into black in May of the following year.
Distribution	Japan / Korea (Jeollanam-do Shinan-gun, Yeosu-si; Jeju-do Seogwipo-si)
Assessment	EN / National

좁은잎덩굴용담

Pterygocalyx volubilis Maxim.
용 담 과 | Gentianaceae

Jobeunipdeonggulyongdam | Twining Pterygocalyx

| 식   물 | 숲속에 자라는 덩굴성 여러해살이풀로 줄기는 가늘고 능선이 있다. 잎은 마주나고 넓은 피침형 또는 선상 피침형으로 3맥이 있다. 잎끝은 길게 뾰족해지고 밑은 점차 좁아져서 잎자루처럼 되며 가장자리는 밋밋하다. 꽃은 9~10월에 홍자색으로 피고 줄기 끝과 엽액에 1개씩 달리며 짧은 꽃자루가 있다. 열매는 삭과로 10~11월에 익고 장타원형이다.

| 분   포 | 일본, 중국 / 한국(강원도 강릉시, 정선군, 태백시)

| 평가내용 | 위기종 / 국가단위

| Description | Perennial herbs, grow in forests. Stem twining, slender, with 4 ridges. Leaves opposite, broadly lanceolate or linear-lanceolate with 3 veins. Leaf apex tapered with sharp pointed apex; leaf base attenuate to petiole; margin entire. Inflorescence solitary, terminal or axillary. Flowers short pediceled, reddish purple, bloom from September to October. Fruit capsules, oblong, ripen from October to November.

| Distribution | Japan, China / Korea (Gangwon-do Gangneung-si, Jeongseon-gun, Taebaek-si)

| Assessment | EN / National

만주송이풀

Pedicularis mandshurica Maxim.
현삼과 | Scrophulariaceae
Manjusongipul

식 물	높은 산의 능선부에 자라는 여러해살이풀로 높이 30cm에 달하고 줄기는 곧게 서며 능선을 따라 줄지어 돋은 잔털이 있다. 잎은 1회 우상복엽으로 뿌리에서 모여나고 가장자리에 얇은 비늘잎이 달린다. 열편은 피침형 또는 선형이며 상하로 갈수록 짧아지고 작아지며 깃처럼 갈라지고 톱니가 있다. 줄기에 달린 잎은 뿌리에서 돋은 잎과 비슷하지만 위로 갈수록 점차 작아져서 포엽으로 된다. 꽃은 5~6월에 흰빛을 띤 노란색으로 피고 총상화서로 모여 달린다. 열매는 삭과로 8~9월에 익고 장란형이며 끝이 2개로 갈라진다.
분 포	중국 / 한국(강원도 속초시, 양양군, 인제군)
평가내용	위기종 / 국가단위

Description	Perennial herbs growing in high mountain ridges, up to 30 cm tall. Stem erect, fine hairs along the ridges. Basal leaves once pinnately compound, scaly leaves on edges. Leaflets lanceolate or linear, longest in the middle; leaf margin dentate. Cauline leaves similar to basal leaves, upper ones smaller becoming bracts. Inflorescence raceme. Flowers whitish yellow, bloom in May-June. Fruit capsules, obovate, longitudinally dehiscent by two valves.
Distribution	China / Korea (Gangwon-do Sokcho-si, Yangyang-gun, Inje-gun)
Assessment	EN / National

댕강나무

Abelia mosanensis T.H.Chung ex Nakai
인동과 | Caprifoliaceae
Daenggangnamu | Mangsan Abelia

식 물	산기슭의 양지에 자라는 낙엽관목으로 높이는 2m 정도이다. 줄기에 세로줄이 있지만 깊은 홈이 생기지 않으며 가지의 골속이 흰색이고 어린가지에 털이 있다. 햇가지는 붉은색이며 잎은 마주나고 피침형 또는 장타원형이다. 잎의 양 끝은 뾰족하고 가장자리에 톱니가 없다. 꽃은 5월에 연한 홍색으로 피고 가지 끝과 엽액에 모여 달린다. 열매는 삭과로 9월에 익고 4개의 날개가 있다.
분 포	한국(평안남도; 충청북도 단양군)
평가내용	위기종 / 국제단위

Description	Deciduous shrubs growing in the sunny foothills of mountains, about 2 m tall. Stem with shallow 6 longitudinal grooves; pith white. Twigs hairy. New year's branches red. Leaves opposite, lanceolate or oblong. Leaf apex acute and margin entire. Inflorescence terminal, axillary. Flowers light pink, clustered, bloom in May. Fruit capsules with 4 wings, ripen in September.
Distribution	Korea (Pyeongannam-do; Chungcheongbuk-do Danyang-gun)
Assessment	EN / International

줄댕강나무

Abelia tyaihyoni Nakai
인동과 | Caprifoliaceae
Juldaenggangnamu

| 식 물 | 석회암 지대 바위틈에 나는 낙엽관목으로 높이는 1.5m에 달한다. 원줄기와 늙은 가지에 6줄의 홈이 있으며 어린가지에 털이 있다. 잎은 마주나고 넓은 피침형, 피침형 또는 난형으로 끝이 길게 뾰족하며 가장자리는 밋밋하다. 꽃은 5월에 피고 새 가지 끝에 산방화서로 달린다. 꽃잎의 바깥쪽은 연한 붉은색, 안쪽은 흰색으로 향기가 있다. 열매는 삭과로 9월에 익는다.

| 분 포 | 일본 / 한국(강원도 정선군, 평창군; 충청북도 단양군)

| 평가내용 | 위기종 / 국가단위

| Description | Deciduous shrubs growing rocky crevices in limestone areas, about 1.5 m tall. Stem with 6 longitudinal grooves. Twigs hairy. Leaves opposite, broadly lanceolate or ovate with tapered apex; leaf margin entire. Inflorescence terminal, corymb. Flowers outer ones light reddish, inner ones white, scented. Fruit capsules, ripen in September.

| Distribution | Japan / Korea (Gangwon-do Jeongseon-gun, Pyeongchang-gun; Chungcheongbuk-do Danyang-gun)

| Assessment | EN / National

왕제비꽃

Viola websteri Hemsl.
제비꽃과 | Violaceae
Wangjebikkot

|식 물| 산지에 자라는 여러해살이풀로 원줄기가 곧추서며 높이 40~60cm 정도이다. 잎은 어긋나게 달리고 밑부분의 잎은 비늘같이 퇴화된다. 윗부분의 잎은 짧은 잎자루가 있으며 피침형 또는 난상타원형으로 가장자리에 뾰족한 톱니가 있다. 탁엽은 피침형으로 깃처럼 깊게 갈라진다. 꽃은 4~5월에 피며 흰 바탕에 자주색 줄이 있고 꽃자루의 중앙 위쪽에 작은 포가 달린다. 열매는 삭과로 5~6월에 익고 난상 타원형으로 끝이 뾰족하며 털이 없다.

|분 포| 중국 / 한국(경기도 가평군, 연천군, 파주시; 강원도 삼척시, 춘천시; 충청북도 단양군, 보은군, 옥천군)

|평가내용| 위기종 / 국가단위

|Description| Perennial herbs growing in mountains. Stem erect, about 40-60 cm tall. Leaves alternate; basal leaves degenerate like scales; upper leaves short petiolate, lanceolate or ovate-lanceolate with serrate margin; stipules lanceolate and deeply lobed, like feather. Flowers white with purple stripes, small bract on pedicel, bloom from April to May. Fruit capsules, ovate-elliptical with acute apex, hairless, ripen from May to June.

|Distribution| China / Korea (Gyeonggi-do Gapyeong-gun, Yeoncheon-gun, Paju-si; Gangwon-do Samcheok-si, Chuncheon-si; Chungcheongbuk-do Danyang-gun, Boeun-gun, Okcheon-gun)

|Assessment| EN / National

한라구절초

Dendranthema coreanum (H.Lév. & Vaniot) Vorosch.

국화과 | Compositae

Hanragujeolcho

| 식 물 | 한라산 해발 1,300m 이상에 나는 여러해살이풀로 높이는 20~30cm 정도이다. 잎은 어긋나게 달리고 가늘게 깃 모양으로 갈라지며 육질이다. 꽃은 9~10월에 흰색 또는 분홍색으로 피며 줄기나 가지 끝에 1개씩 달리고 두상화는 지름 5~6cm 정도이다. 열매는 수과로 10~11월에 익는다.

분 포   한국(한라산)

평가내용   위기종 / 국제단위

Description   Perennial herbs growing on 1,300 m above sea level of Mt. Halla, about 20-30 cm tall. Leaves alternate, deeply lobed, coriaceous. Inflorescence terminal, heads, about 5-6 cm in diameter. Flowers white or pink, bloom in September-October. Fruit achenes, ripen from October to November.

Distribution   Korea (Mt. Halla)

Assessment   EN / International

께묵

Hololeion maximowiczii Kitam.
국화과 | Compositae
Kkemuk | Maximowicz Hololeion

| 식 물 | 들판의 습한 곳에 자라는 두해살이풀로 높이 50~100cm 정도이다. 뿌리줄기는 옆으로 길게 벋어 새싹을 내며 줄기는 곧추선다. 뿌리에서 돋은 잎은 좁은 피침형으로 양 끝이 좁고 가장자리가 밋밋하다. 줄기에 달린 잎은 어긋나게 달리고 중앙부의 것은 잎자루가 없으며 위로 올라갈수록 작아져서 선형으로 된다. 꽃은 8~10월에 연한 노란색으로 피고 가지 끝과 원줄기 끝에 산방상으로 달린다. 열매는 수과로 10~11월에 익고 검은 점이 있거나 흑색이고 관모는 갈색이 돈다.

분 포 일본 / 한국(평안북도; 평안남도; 경기도; 강원도; 충청북도; 경상북도; 경상남도; 제주도)

평가내용 위기종 / 국가단위

Description Biennial, grow in moist places of open fields, about 50-100 cm tall. Rhizome creeping, sprouts at nodes. Stem erect. Basal leaves narrow lanceolate; apex and base acute; margin entire. Cauline leaves alternate, middle ones without petioles, get smaller and become linear toward the upper part of plant. Inflorescence terminal, heads arranged in corymb. Flowers pale yellow, bloom from August to October. Fruit achenes, black spotted or black, pappus brown, ripen from October to November.

Distribution Korea (Pyeonganbuk-do; Pyeongannam-do; Gyeonggi-do; Gangwon-do; Chungcheongbuk-do; Gyeongsangbuk-do; Gyeongsangnam-do; Jeju-do)

Assessment EN / National

한 라 꽃 장 포

Tofieldia coccinea var. *kondoi* (Miyabe & Kudô) Hara
백합과 | Liliaceae
Hanrakkotjangpo

| 식　물 | 한라산 정상 근처의 바위 곁에 붙어 자라는 여러해살이풀로 높이 6~8cm 정도이다. 밑부분의 잎은 선형으로 서로 마주 안아 2열로 배열하며 8~9맥이 있다. 꽃줄기에 달린 잎은 작고 1~3개이다. 꽃은 6~7월에 분홍빛을 띤 흰색으로 피고 줄기 끝에 총상화서로 약간 성글게 모여 달린다. 열매는 삭과로 8~9월에 익고 도란형이다. |

| 분　포 | 일본 / 한국(제주도) |

| 평가내용 | 위기종 / 국가단위 |

| Description | Perennial herbs, chasmophyte near the summit of Mt. Halla, about 6-8 cm tall. Basal leaves linear, equitant, 2-ranked with 8-9 veins. Scape leaves small, 1-3. Inflorescence raceme, loosely clustered, terminal. Flowers pinkish white, bloom from June to July. Fruit capsules, obovate, ripen from August to September. |

| Distribution | Japan / Korea (Jeju-do) |

| Assessment | EN / National |

문주란

Crinum asiaticum var. *japonicum* Baker
수선화과 | Amaryllidaceae
Munjuran

| 식 물 | 바닷가 모래땅에 자라는 여러해살이풀로 높이 50~80cm 정도이다. 비늘줄기는 전체가 크고 기둥 모양이며 밑동에서 굵은 수염뿌리가 많이 나온다. 꽃줄기는 곧추서고 잎은 줄기 아래쪽에서 사방으로 벌어지며 선상 피침형이다. 끝이 뾰족하고 가장자리는 밋밋하며 두껍고 광택이 있다. 꽃은 7~9월에 흰색으로 피고 굵은 꽃줄기 끝에 많은 꽃이 산형화서로 달리며 포는 선상 피침형으로 2개이다. 열매는 삭과로 8~9월에 익고 구형이다. |

| 분 포 | 일본 / 한국(제주도 제주시) |

| 평가내용 | 위기종 / 국가단위 |

| Description | Perennial herbs growing on sandy soil near beaches, about 50-80 cm tall. Bulbs large, columnar, numerous thick adventitious roots at the bottom. Scape erect. Basal leaves spreading out in all directions, linear-lanceolate; leaf apex acute; margin entire, thick and glossy. Inflorescence terminal, umbels; bracts lanceolate. Flowers white, numerous, bloom from July to September. Fruit capsules, spherical, ripen from August to September. |

| Distribution | Japan / Korea (Jeju-do Jeju-si) |

| Assessment | EN / National |

진노랑상사화

Lycoris chinensis var. *sinuolata* K.H.Tae & S.C.Ko
수선화과 ㅣ Amaryllidaceae
Jinnorangsangsahwa

| 식 물 | 숲속의 습한 곳에 자라는 여러해살이풀로 높이 40~70cm 정도이며 비늘줄기는 난형으로 흑갈색이다. 잎은 비늘줄기에서 모여 나고 꽃줄기가 올라오기 전에 사그라진다. 꽃줄기는 녹색으로 곧추선다. 꽃은 8월에 노란색으로 피고 4~7개의 꽃이 줄기 끝에 산형으로 달린다. 화피는 뒤로 젖혀지고 가장자리는 물결 모양의 굴곡이 있으며 포는 피침형으로 2장이다. 열매는 삭과로 9월에 익고 검은색 종자 2~3개가 들어 있다.

분 포 │ 한국(전라북도 고창군, 부안군, 정읍시; 전라남도 장성군)

평가내용 │ 위기종 / 국제단위

Description │ Perennial herbs growing in humid forests, about 40-70 cm tall. Bulbs ovate, black brown. Leaves mostly basal, clustered, withered before scape emerges. Scape erect, green. Inflorescence terminal, umbels; bracts lanceolate, 2. Flowers yellow, 4-7; perianth reflexed with wavy margins. Fruit capsules, ripen in September. Seeds 2-3.

Distribution │ Korea (Jeollabuk-do Gochang-gun, Buan-gun, Jeongeup-si; Jeollanam-do Jangseong-gun)

Assessment │ EN / International

백양꽃

Lycoris sanguinea var. *koreana* (Nakai) T.Koyama

수 선 화 과　|　Amaryllidaceae

Baegyangkkot

| 식　물 | 숲속에 자라는 여러해살이풀로 높이 50cm에 달하며 비늘줄기는 구형으로 흑갈색이다. 잎은 비늘줄기에서 모여 나고 선형으로 중륵에 흰빛이 돌며 꽃줄기가 올라오기 전에 사그라진다. 꽃줄기는 곧추 서고 약간 편평한 원주형으로 희미한 능선이 2개 있으며 밑부분은 적갈색이나 위로 올라가면서 녹색으로 변하기도 한다. 꽃은 8~9월에 주황색으로 피며 줄기 끝에 3~5개의 꽃이 산형으로 달리고 포는 피침형으로 2개이다. 열매는 삭과로 10월에 익고 종자는 검은색이다. |

| 분　포 | 한국(전라북도 부안군, 임실군, 정읍시; 전라남도 신안군, 영광군, 영암군, 장성군; 경상남도 산청군; 부산시 기장군) |

| 평가내용 | 위기종 / 국제단위 |

| Description | Perennial herbs growing in forests, about 50 cm tall. Bulbs globular, black brown. Leaves mostly basal, clustered, linear, white in midvein, withered before scape emerges. Scape erect, somewhat flattened cylindrical in cross section with 2 ridges; reddish brown in lower part, green upper part. Inflorescence terminal; bracts lanceolate, 2. Flowers orange, 3-5, bloom from August to September. Fruit capsules, ripen in October. Seeds black. |

| Distribution | Korea (Jeollabuk-do Buan-gun, Imsil-gun, Jeongeup-si; Jeollanam-do Shinan-gun, Yeonggwang-gun, Yeongam-gun, Jangseong-gun; Gyeongsangnam-do Sancheong-gun; Busan-si Gijang-gun) |

| Assessment | EN / International |

위도상사화

Lycoris uydoensis M.Y.Kim
수선화과 | Amaryllidaceae
Widosangsahwa

| 식 물 | 숲속에 자라는 여러해살이풀로 높이 60~100cm 정도이며 비늘줄기는 구형이다. 잎은 이른 봄에 비늘줄기에서 모여나고 넓은 선형으로 꽃이 필 때 말라 없어진다. 잎의 앞면은 진한 녹색이고 뒷면은 연한 녹색으로 끝이 둥글고 가장자리는 밋밋하다. 꽃은 8~9월에 상앗빛을 띤 흰색으로 피고 꽃줄기 끝에 6~8개씩 산형화서로 달린다. 열매는 잘 맺히지 않고 번식은 비늘줄기로 한다.

| 분 포 | 한국(전라북도 부안군)

| 평가내용 | 위기종 / 국제단위

| Description | Perennial herbs growing in forests, about 60-100 cm tall. Bulbs globular. Leaves mostly basal, clustered, broadly linear, withered before flowers bloom; upper surface dark green, lower surface light green; leaf apex round; leaf margin entire. Inflorescence terminal, umbels, 6-8. Flowers ivory white, bloom during August to September. Rarely set fruits; vegetative reproduction via bulbs or bulblets common.

| Distribution | Korea (Jeollabuk-do Buan-gun)

| Assessment | EN / International

2007. Soelhee

난장이붓꽃

Iris uniflora var. *caricina* Kitag.
붓꽃과 | Iridaceae
Nanjangibuskkot

식 물	높은 산의 능선부 양지바른 곳에 자라는 여러해살이풀로 높이 5~8cm 정도이며 뿌리줄기는 가늘고 옆으로 벋는다. 밑부분에 묵은 잎이 엉켜 있으며 잎은 좁은 선형으로 끝이 뾰족하다. 꽃은 4~6월에 연한 보라색으로 피고 꽃줄기 끝에 1개씩 달리며 외화피의 아래쪽에 흰색 무늬가 있다. 열매는 삭과로 8~9월에 익고 구형이며 잎집 같은 포 안에 들어 있다.
분 포	중국 / 한국(강원도 고성군, 속초시, 인제군, 춘천시, 평창군)
평가내용	위기종 / 국가단위

Description	Perennial herbs growing on sunny high mountain ridges, about 2-8 cm tall. Rhizome slender and creeping. Older leaves mingled at the bottom; leaves narrowly linear; apex acute. Inflorescence terminal, solitary. Flowers light purple, out perianth with white patterns at bottom, bloom from April to June. Fruit capsules, spherical, covered by bracts, ripen from August to September.
Distribution	China / Korea (Gangwon-do Goseong-gun, Sokcho-si, Inje-gun, Chuncheon-si, Pyeongchang-gun)
Assessment	EN / National

섬남성

Arisaema takesimense Nakai

천남성과 | Araceae

Seomnamseong

| 식 물 | 숲속에서 자라는 여러해살이풀로 높이 60~120cm 정도이다. 편평한 구형의 덩이줄기가 있고 주위에 작은 덩이줄기가 달려 번식한다. 윗부분에서 수염뿌리가 사방으로 퍼지고 얇은 막질의 인편이 겉을 감싸고 있다. 줄기는 곧추서고 녹색이며 겉에 붉은 보라색 반점이 있다. 잎은 2장으로 9~11갈래로 갈라지며 갈래는 타원형 또는 장타원형으로 흔히 가운데 흰 얼룩무늬가 생긴다. 꽃은 4~5월에 피고 육수화서로 달린다. 불염포는 짙은 자주색 또는 녹색이며 흰색의 세로줄이 있다. 열매는 장과로 옥수수 모양이며 8~9월에 붉은색으로 익는다.

| 분 포 | 한국(경상북도 울릉군)

| 평가내용 | 위기종 / 국제단위

| Description | Perennial herbs growing in forests, about 60-120 cm tall. Tubers depressed, globose, smaller tubers attached; numerous adventitious roots spreading out in upper part; covered by membranous scales. Stem erect, green with reddish purple spots. Leaves 2, deeply divided into 9-11 segments; leaf segment elliptical or oblong, white speckles in the middle. Inflorescences spadix; spathe dark purple or green with white vertical strips. Flowers bloom from April to May. Fruit berries, ear of corn shaped, ripen into reddish color in August to September.

| Distribution | Korea (Gyeongsangbuk-do Ulleung-gun)

| Assessment | EN / International

여름새우난초

Calanthe reflexa Maxim.
난초과 | Orchidaceae
Yeoreumsaeunancho | Reflea Calanthe

| 식 물 | 숲속에서 자라는 여러해살이풀로 높이 40cm에 달한다. 뿌리줄기는 짧고 위인경은 난상 구형으로 2~3개가 옆으로 연결된다. 꽃줄기는 곧게 서고 1~2개의 인편상 포엽이 달린다. 잎은 3~6개가 모여 나고 좁은 장타원형으로 다음해 봄에 쓰러진다. 꽃은 8월에 연한 분홍색으로 피고 줄기 끝에 10~20개의 꽃이 총상으로 모여 달리며 포는 피침형이다. 열매는 삭과로 9월에 익고 밑으로 처진다.

| 분 포 | 일본, 중국, 대만 / 한국(제주도 서귀포시)

| 평가내용 | 위기종 / 국가단위

| Description | Perennial herbs growing in forests, about 40 cm tall. Rhizome short. Pseudobulb ovate-spherical, 2-3 segments connected sideways. Scape erect, 1-2 scaly bracts. Leaves 3-6, clustered, narrow oblong, withered following spring. Inflorescence raceme, terminal, 10-20 clustered; bracts lanceolate. Flowers pale pink, bloom in August. Fruit capsules, round, pendulous, ripen in September.

| Distribution | Japan, China, Taiwan / Korea (Jeju-do Seogwipo-si)

| Assessment | EN / National

대흥란

Cymbidium macrorrhizum Lindl.
난초과 | Orchidaceae
Daeheungnan

| 식 물 | 숲속에서 자라는 부생식물로 흰색 육질의 뿌리줄기가 길게 벋으며 가지를 친다. 꽃줄기는 뿌리줄기 끝에서 곧추서며 높이 10~30cm 정도이다. 잎은 막질의 비늘잎이 마디에 드문드문 달릴 뿐 녹색의 잎은 없다. 꽃은 7~8월에 피고 흰색 바탕에 홍자색이 돌며 2~6개의 꽃이 성글게 달린다. 열매는 삭과로 위를 향해 달린다. |

| 분 포 | 일본 / 한국(강원도 삼척시; 충청남도 홍성군; 전라북도 부안군; 전라남도 여수시, 영광군; 경상남도 남해군; 제주도) |

| 평가내용 | 위기종 / 국가단위 |

| Description | Herbs, saprophytic, growing in forests. Rhizome thick, long, branched. Scape erect from pseudobulb, about 10-30 cm tall. Leaves reduced to membranous scaly, few on nodes, no chlorophyll. Flowers whitish reddish purple, 2-6, loosely clustered, bloom from July to August. Fruit capsules, erect. |

| Distribution | Japan / Korea (Gangwon-do Samcheok-si; Chungcheongnam-do Hongseong-gun; Jeollabuk-do Buan-gun; Jeollanam-do Yeosu-si, Yeonggwang-gun; Gyeongsangnam-do Namhae-gun; Jeju-do) |

| Assessment | EN / National |

주름제비란

Gymnadenia camtschatica (Cham.) Miyabe & Kudô

난초과 | Orchidaceae

Jureumjebiran

| 식 물 | 숲속에 자라는 여러해살이풀로 높이 20~60cm 정도이다. 뿌리는 다육질로 일부분이 원주상으로 굵어진다. 줄기는 곧추서고 윗부분에 능선이 있다. 잎은 4~10개가 어긋나게 달리고 타원형 또는 장타원형으로 가장자리에 주름이 많이 진다. 꽃은 4~6월에 연한 홍색 또는 흰색으로 피고 줄기 끝에 총상화서로 많은 꽃이 모여 달린다. 열매는 삭과로 10월에 익는다.

| 분 포 | 일본 / 한국(경상북도 울릉군)

| 평가내용 | 위기종 / 국가단위

Description Perennial herbs, growing in forests, about 20-60 cm tall. Roots fleshy, some portions become thicker and columnar. Stem erect, ridged in upper part. Leaves alternate, 4-10, elliptical or oblong; leaf margin undulate. Inflorescence terminal, raceme, numerous. Flowers pale pink or white, bloom from April to June. Fruit capsules, ripen in October

Distribution Japan / Korea (Gyeongsangbuk-do Ulleung-gun)

Assessment EN / National

무 엽 란

Lecanorchis japonica Blume
난초과 | Orchidaceae
Muyeomnan

| 식 물 | 숲속에 자라는 여러해살이 균근식물로 잎이 없으며 뿌리줄기는 단단하고 길게 옆으로 벋는다. 줄기는 높이 20~40cm 정도로 곧추서고 몇 개의 초상엽이 달린다. 초상엽은 다소 막질로 밑부분에서는 잎집으로 줄기를 감싸지만 윗부분에서는 잎집이 생기지 않는 것도 있다. 꽃은 6~7월에 흰색 또는 연한 갈색으로 피며 줄기 끝에 몇 송이가 성글게 달린다. 열매는 삭과로 장타원형이고 마르면 줄기와 같이 검은색으로 된다.

| 분 포 | 일본 / 한국(전라남도 신안군, 완도군; 한라산)

| 평가내용 | 위기종 / 국가단위

| Description | Perennial, mycorrhizal, grows in forests. Rhizome sturdy, creeping. Stem erect, no leaves. Stems, about 20-40 cm tall, erect, few scaly leaves. Scaly leaves membranous with basal sheath; upper scaly leaves without sheath. Inflorescence terminal, loosely clustered, few flowered. Flowers white or light brown, bloom in June or July. Fruit capsules, oblong, turn black as same as the stem when dry.

| Distribution | Japan / Korea (Jeollanam-do Shinan-gun, Wando-gun; Mt. Halla)

| Assessment | EN / National

취약종
Vulnerable (VU)

느리미고사리

Dryopteris tokyoensis (Matsum. ex Makino) C.Chr
면마과 | Dryopteridaceae
Neurimigosari

| 식 물 | 숲속의 습한 곳에 자라는 여러해살이 양치식물로 뿌리줄기는 짧고 굵으며 높이 1m 정도이다. 잎은 뿌리줄기에서 모여 나고 비스듬히 선다. 잎자루는 엽신의 반 이하로 짧고 밑부분에 갈색의 인편이 많이 붙는다. 잎은 도피침형으로 양 끝이 점점 좁아지며 30~40쌍의 우편으로 갈라진다. 우편은 중앙부의 것이 폭이 가장 넓으며 잎 표면에 맥이 얕게 파이고 부드러운 가죽질이다. 포자낭군은 우편의 중륵 가까이에 1~2열로 붙고 포막은 가장자리가 밋밋하다.
*우편(羽片, pinna): 잎조각, 깃 모양으로 갈라진 겹잎에서 갈라진 각 조각을 지칭.

| 분 포 | 일본 / 한국(경기도 남양주시, 포천시, 화성시; 전라남도 화순군; 경상남도 산청군)

| 평가내용 | 취약종 / 국가단위

| Description | Perennial ferns, grow in moist forests. Rhizome short and thick, about 1 m tall. Fronds clustered, ascending. Petiole short, less than half of the leaf blade, basally densely scaly. Blades oblanceolate, gradually narrowed toward apex and base; deeply lobed into 30-40 pairs of pinna. Pinna widest in the middle; veins shallow, soft and leathery. Sori medial, in 1-2 rows near midveins; indusia margins entire.
*Pinna: the divisions of compound frond, analogous to the leaflets of a compound leaf.

| Distribution | Japan / Korea (Gyeonggi-do Namyangju-si, Pocheon-si, Hwaseong-si; Jeollanam-do Hwasun-gun; Gyeongsangnam-do Sancheong-gun)

| Assessment | VU / National

섬자리공 *Phytolacca insularis* Nakai
자 리 공 과 | Phytolaccaceae
Seomjarigong

| 식 물 | 숲속에 자라는 여러해살이풀로 높이 1~2m에 달하며 뿌리는 비대해져 지름 20cm에 이른다. 줄기는 장대하고 곧추서며 가지가 갈라진다. 잎은 어긋나게 달리고 난형 또는 타원형으로 가장자리는 밋밋하다. 꽃은 5~6월에 피고 백색 또는 연한 분홍색으로 줄기 윗부분에서 잎과 마주나는 총상화서에 많은 꽃이 모여 달린다. 총상화서는 곧추서고 젖꼭지 같은 돌기가 있다. 열매는 8~9월에 익고 8개의 열매가 서로 연결되어 장과처럼 되며 흑자색이다. |

| 분 포 | 한국(경상북도 울릉군) |

| 평가내용 | 취약종 / 국제단위 |

| Description | Perennial herbs growing in forests, about 1-2 m tall. Root thick and fleshy, reaching about 20 cm in diameter. Stem terete, erect, branched. Leaves alternate, ovate or elliptical; margins entire (smooth). Inflorescence raceme in upper part of stem, numerous flowers, opposite to leaves; raceme erect with nipple like bumps. Flowers white or pale pink, bloom from May to June. Fruit fleshy berries, dark purple, 8 berries stringed, ripen from August to September. |

| Distribution | Korea (Gyeongsangbuk-do Ulleung-gun) |

| Assessment | VU / International |

섬노루귀

Hepatica maxima Nakai
미나리아재비과 | Ranunculaceae
Seomnorugwi

식 물	숲속에서 자라는 여러해살이풀로 뿌리줄기는 비스듬히 서고 마디가 많으며 검은 잔뿌리가 사방으로 퍼진다. 식물체 전체에 흰털이 밀생하고 잎은 모두 뿌리에서 돋으며 잎자루가 길다. 잎은 다소 두껍고 심장형이며 3갈래로 갈라진다. 갈라진 열편은 난상 원형으로 끝이 둥글고 가장자리가 서로 겹쳐진다. 꽃은 4~5월에 피며 흰색 또는 분홍색이고 잎이 나오기 전에 긴 꽃줄기가 나와 끝에 1송이씩 달린다. 열매는 수과로 7~8월에 익고 방추형이며 밑부분에 총포가 남아 있다.
분 포	한국(경상북도 울릉군)
평가내용	취약종 / 국제단위

Description	Perennial herbs, grow in forests. Rhizome ascending, numerous nodes with many brownish thick adventitious roots. Leaves all basal, covered by dense white hairs, long petiolated. Leaves thick, cordate (heart-shaped), divided into 3 segments; lobes ovate-spherical, apex round and overlap each other. Inflorescence terminal, flower solitary. Flowers white or pink, bloom from April to May before leaves emerge. Fruit achenes, fusiform (spindle-shaped), involucral bracts persistent, ripen from July to August.
Distribution	Korea (Gyeongsangbuk-do Ulleung-gun)
Assessment	VU / International

매화마름

Ranunculus kazusensis Makino
미나리아재비과 | Ranunculaceae
Maehwamareum

식 물	습지 또는 논바닥에서 자라는 한해살이 수생식물로 줄기는 속이 비고 가지가 갈라지며 길이 50cm 내외로 마디에서 뿌리가 내린다. 잎은 어긋나며 3~4회 가는 실처럼 갈라지고 땅 위에서 자라는 잎은 물속 잎보다 통통하다. 꽃은 4~5월에 흰색으로 피고 꽃줄기가 잎과 마주나서 물 위로 올라와 그 끝에 1개씩 달린다. 열매는 수과로 5~6월에 익고 주름이 있으며 구형으로 모여 달린다.
분 포	일본 / 한국(전역)
평가내용	취약종 / 국가단위

Description	Annuals, aquatic, grow on marshy area or rice paddies. Stem hollow, branched, about 50 cm tall; rooting at nodes. Leaves alternate, highly dissected 3 or 4 times; above water leaves plumper than the submerged ones. Inflorescence terminal, emerge above the surface of water, solitary, opposite to leaves. Flowers white, bloom from April to May. Fruit achenes with wrinkles, spherical, aggregated, ripen from May to June.
Distribution	Japan / Korea (Nationwide)
Assessment	VU / National

순채

Brasenia schreberi J.F. Gmelin

수련과 | Nympaeaceae

Sunchae

| 식 물 | 연못에 자라는 여러해살이 수생식물이다. 뿌리줄기는 옆으로 가지를 치면서 자라고 원줄기는 수면을 향해 길게 자라며 드문드문 가지를 친다. 잎은 어긋나게 달리고 어린잎은 어린 줄기와 더불어 한천 같은 점액질로 덮인다. 완전히 자란 잎은 수면에 뜨며 타원형으로 가장자리는 밋밋하고 뒷면은 자색으로 긴 잎자루가 뒷면 중앙에 방패 모양으로 달린다. 꽃은 7~8월에 홍자색으로 피고 엽액에서 긴 꽃자루가 나와 끝에 1개씩 달린다. 열매는 견과로 9~10월에 익고 난형이며 물속에서 성숙한다. |

| 분 포 | 일본, 중국, 러시아, 인도, 미국, 아프리카 / 한국(강원도 고성군; 제주도) |

| 평가내용 | 취약종 / 국가단위 |

| Description | Perennial aquatic herbs growing in ponds. Rhizome creeping horizontally, main stem grows toward the surface of water, sparsely branched. Leaves alternate, young leaves and stems covered with gelatinous mucous membrane. Mature leaves floating, elliptic to broadly elliptic, peltate; margins entire; lower surface purple. Inflorescence axillary, solitary, long pedicelated. Flowers reddish purple, bloom in July-August. Fruit nuts, ovate, mature submerged in September-October. |

| Distribution | Japan, China, Russia, India, America, Africa / Korea (Gangwon-do Goseong-gun; Jeju-do) |

| Assessment | VU / National |

가시연꽃 *Euryale ferox* Salisb.
수련과 | Nympaeaceae

Gasiyeonkkot | Gorgon, Prickly Water Lily

| 식 물 | 못이나 늪에 자라는 한해살이 수생식물로 뿌리줄기는 짧으며 수염뿌리가 많이 나온다. 종자가 발아하여 나오는 수중잎은 타원형으로 작으며 밑이 화살 모양이고 가시가 없다. 뒤에 나는 잎은 수면에 뜨고 원형으로 지름 20~120cm 정도이며 긴 잎자루가 잎 뒤 중앙에 방패와 같이 달린다. 잎의 표면은 주름이 지고 윤채가 있으며 맥 위에 가시가 돋는다. 꽃은 7~8월에 자주색으로 피고 가시가 돋은 긴 꽃자루 끝에 1개의 꽃이 달리며 낮에 벌어졌다가 밤에 닫힌다. 열매는 장과로 8~9월에 익고 타원형 또는 구형으로 겉에 가시가 있으며 끝에 꽃받침이 뾰족하게 남아 있다.

분 포 | 일본, 중국, 대만, 인도 / 한국(중부 이남)

평가내용 | 취약종 / 국가단위

Description | Annual aquatic herbs, grow in ponds or swamps. Rhizome short, numerous fibrous roots. Submerged leaves germinated from seeds elliptical, small, leaf base saggittate (arrow shaped) without spine. Mature leaves floating, spherical, 20-120 cm in diameter, peltate, long petiolated; leaf surface, glossy and wrinkled, spiny on veins. Inflorescence solitary. Flowers purple, pedicel long and spiny, bloom from July to August (open during daytime and close at night). Fruit berries, elliptical or spherical, enclosed in spiny calyx, ripen from August to September.

Distribution | Japan, china, Taiwan, India / Korea (Southern central)

Assessment | VU / National

백작약

Paeonia japonica (Makino) Miyabe & Takeda

작 약 과 | Paeoniaceae

Baekjagyak

| 식 물 | 산지에서 자라는 여러해살이풀로 높이 40~60cm 정도이고 밑부분이 비늘 같은 잎으로 싸여 있으며 뿌리는 육질로 굵다. 잎은 3~4개가 어긋나게 달리고 3개씩 2회 갈라진다. 소엽은 장타원형 또는 도란형으로 양 끝이 좁고 가장자리가 밋밋하며 뒷면은 흰빛이 돈다. 꽃은 5~6월에 흰색으로 피고 줄기 끝에 1개씩 달린다. 열매는 골돌로 8월에 익으며 벌어지면 안쪽이 붉어지고 가장자리에 자라지 못한 적색 종자와 익은 흑색 종자가 달린다.

분 포 | 일본 / 한국(전국의 산지)

평가내용 | 취약종 / 국가단위

Description | Perennial herbs growing in mountains, about 40-60 cm tall. Stem bases covered with scale-like leaves and has thick fleshy roots. Leaves alternate, 3-4, 2-ternate; leaflets oblong or ovate, narrow ends; margins entire; lower surface whitish. Inflorescence terminal, solitary. Flowers white, bloom in May-June. Fruit follicles, dehiscent when mature, red inside, ripen in August. Unripen red seeds and ripen black seeds on follicle edges.

Distribution | Japan / Korea (Mountains nationwide)

Assessment | VU / National

끈끈이주걱

Drosera rotundifolia L.
끈끈이주걱과 | Droseraceae
Kkeunkkeunijugeok | Round-leaved Sundew

식 물	산지의 양지바른 습지에 자라는 여러해살이 식충식물로 높이 5~30cm 정도이다. 꽃줄기는 곧게 서며 가늘고 길다. 잎은 밑동에서 모여나고 옆으로 퍼지며 주걱 모양으로 엷은 홍자색을 띤 선모로 빽빽이 덮여 있다. 꽃은 7월에 흰색으로 피고 꽃줄기의 윗부분에 한쪽으로 치우쳐서 총상으로 달린다. 열매는 삭과로 9월에 익고 3개로 갈라지며 종자는 소형으로 양 끝에 꼬리 같은 돌기가 있다.
분 포	일본, 중국, 대만, 러시아 / 한국(전역)
평가내용	취약종 / 국가단위

Description	Perennial herbs, carnivorous, grow in sunny wetlands of mountains, reaching height of about 5-30 cm. Flowering stem erect and slender. Leaves all basal, spatula-shaped, densely covered with light burgundy colored glandular hairs. Inflorescence raceme, 1-rowed in upper part. Flowers white, bloom in July. Fruit capsules, open by 3 sutures, ripen in September. Seeds small with tail-like bumps.
Distribution	Japan, China, Taiwan, Russia / Korea (Nationwide)
Assessment	VU / National

둥근잎꿩의비름

Hylotelephium ussuriense (Kom.) H.Ohba
돌 나 물 과 | Crassulaceae
Dunggeunipkkwonguibireum

| 식 물 | 바위틈에 자라는 여러해살이풀로 높이 15~20cm 정도이고 몇 개의 굵은 뿌리가 있다. 줄기는 아래로 처지며 붉은빛이 돈다. 잎은 마주나고 난상 원형 또는 타원형으로 잎자루가 없으며 가장자리에 불규칙하고 둔한 톱니가 있다. 꽃은 7~8월에 붉은 자주색으로 피고 원줄기 끝에 둥글게 밀생한다. 열매는 골돌로 10월에 익는다. |

| 분 포 | 중국 / 한국(경상북도 청송군, 포항시) |

| 평가내용 | 취약종 / 국가단위 |

Description Perennial herbs grass on rocky crevices, about 15-20 cm tall. Roots few, thick. Stem hangs down, reddish tint. Leaves opposite, ovate-spherical or elliptical, sessile (no petiole); leaf margin irregular dully serrate. Inflorescence terminal, numerous flowers. Flowers red-purple, bloom from July to August. Fruit follicles, ripen in October.

Distribution China / Korea (Gyeongsangbuk-do Cheongsong-gun, Pohang-si)

Assessment VU / National

두메대극

Euphorbia fauriei H.Lév. & Vaniot ex H.Lév.

대극과 | Euphorbiaceae

Dumedaegeuk

| 식 물 | 산지의 양지바른 곳에 자라는 여러해살이풀로 높이 10~30cm 정도이고 굵은 뿌리가 있다. 줄기는 뿌리 끝에서 모여나고 잎은 어긋나며 도란형 또는 타원형으로 밑이 좁아져서 직접 원줄기에 붙지만 극히 짧은 잎자루가 있는 것도 있다. 줄기 끝에는 난형 또는 타원형의 포엽 4~5개가 돌려나고 3~5개의 꽃자루가 나오며 6~8월에 황록색의 꽃이 핀다. 열매는 삭과로 9월에 익고 사마귀 같은 돌기가 있다. |

| 분 포 | 한국(부산시 기장군; 한라산) |

| 평가내용 | 취약종 / 국제단위 |

| Description | Perennial herbs grow in sunny mountainous areas, about 10-30 cm tall. Root thick. Stem clustered. Leaves alternate, obovate or elliptical, narrowed base, sessile or petiole very short. Inflorescence a flower like cyathium (clusters of reduced flowers, the center one female flower, surrounded by a few male flowers each having one stamen), 3-5; bracts ovate or elliptical, 4-5, whorled. Flowers green yellow, bloom in Just through August. Fruit capsules, wart-like bumps, ripen in September. |

| Distribution | Korea (Busan-si Gijang-gun; Mt. Halla) |

| Assessment | VU / International |

망개나무

Berchemia berchemiaefolia (Makino) Koidz.
갈매나무과 | Rhamnaceae
Manggaenamu | Korean Berchemia

| 식 물 | 계곡부에 자라는 낙엽교목으로 높이 15m에 달하며 나무껍질은 흑회색이다. 잔가지는 적갈색이고 털이 없으며 회백색 피목이 산재한다. 잎은 어긋나게 달리고 장타원형 또는 난상 장타원형으로 끝이 길게 뾰족하며 가장자리는 밋밋하거나 뚜렷하지 않은 물결형 톱니가 있다. 꽃은 6~7월에 피며 어린 가지 끝의 총상화서나 엽액의 취산화서에 황록색 꽃이 모여 달린다. 열매는 핵과로 8월에 붉은색으로 익으며 장타원형이다. |

- **분 포** 일본 / 한국(경상북도 군위군, 포항시; 속리산; 주왕산)
- **평가내용** 취약종 / 국가단위

- **Description** Deciduous trees growing on valleys, reaching up to 15 m in height. Bark grey. Twigs hairless, reddish brown with scattered grayish white lenticels. Leaves alternate, oblong or ovate-oblong; leaf apex acute; margins entire or crenate or blunt scalloped. Inflorescence terminal, racemes or axillary, cymes. Flowers yellow green. Fruit drupes, oblong, ripen into red in August.

- **Distribution** Japan / Korea (Gyeongsangbuk-do Gunwi-gun, Pohang-si; Mt. Songni; Mt. Juwang)

- **Assessment** VU / National

황근

Hibiscus hamabo Siebold & Zucc.
아욱과 | Malvaceae
Hwanggeun | Hamabo Hibiscus

| 식 물 | 바닷가에 자라는 낙엽관목으로 높이 1~2m 정도이고 잔가지, 잎 뒷면, 탁엽의 앞면, 포 및 꽃받침에 누르스름한 회색 별 모양의 털이 밀생한다. 잎은 어긋나게 달리고 편원형 또는 도란상 원형으로 끝은 급히 뾰족하며 가장자리에 둔한 잔톱니가 있다. 꽃은 7~8월에 연한 노란색으로 피고 중앙부는 암적색을 띠며 가지 끝의 엽액에 1개씩 달린다. 열매는 삭과로 8~9월에 익고 난형이며 5개로 갈라진다.

| 분 포 | 일본 / 한국(전라남도 완도군; 제주도)

| 평가내용 | 취약종 / 국가단위

| Description | Deciduous shrubs, grow on beaches, reaching up to 1-2 m tall. Twigs, lower leaf surface, adaxial surface of stipules, and calyx covered by dense grayish stellate hairs. Leaves alternate, round oblate or obovate; leaf apex acute; margins bluntly serrated. Inflorescence terminal, axillary, solitary. Flowers yellow, dark red in center, bloom in July-August. Fruit capsules, ovate, ripen from August to September, dehiscent by 5 sutures.

| Distribution | Japan / Korea (Jeollanam-do Wando-gun; Jeju-do)

| Assessment | VU / National

등대시호

Bupleurum euphorbioides Nakai

산형과 | Umbelliferae

Deungdaesiho | Bigbract Thorowax

| 식 물 | 산지 능선부에 자라는 여러해살이풀로 높이 8~40cm 정도이며 전체에 털이 없고 줄기는 곧게 선다. 뿌리에서 돋은 잎은 선형으로 7맥이 있다. 줄기에 달린 잎은 어긋나게 달리고 난상 피침형으로 밑부분이 줄기를 감싸며 끝이 뾰족하다. 잎 모양의 포는 3장으로 난형이고 끝이 길게 뾰족하다. 꽃은 7~8월에 노란색 또는 자녹색으로 피고 줄기나 가지 끝에 산형화서로 달린다. 소포는 5장으로 넓은 난형이고 끝이 매우 뾰족하며 자주색 반점이 있다. 열매는 분열과로 9~10월에 자주색으로 익고 타원형이다.

분 포 | 러시아 / 한국(강원도 고성군, 속초시, 양양군, 인제군; 충청북도 보은군, 영동군; 전라북도 무주군)

평가내용 | 취약종 / 국가단위

Description Perennial herbs growing on mountain ridge, about 8-40 cm tall. Stem glabrous (without hairs), erect. Basal leaves linear, veins 7. Cauline (stem) leaves alternate, ovate-lanceolate; leaf base envelop stem; leaf apex acute (sharply pointed). Bracts leaflike, 3, ovate, apex acuminate (long tapered). Inflorescence terminal, umbels; bractlets 5, broadly ovate, acute, purple spotted. Fruit schizocarps, elliptical, ripen into purple in September-October.

Distribution Russia / Korea (Gangwon-do Goseong-gun, Sokcho-si, Yangyang-gun, Inje-gun; Chungcheongbuk-do Boeun-gun, Yeongdong-gun; Jeollabuk-do Muju-gun)

Assessment VU / National

Jeong In-Young

꼬리진달래

Rhododendron micranthum Turcz.
진달래과 | Ericaceae
Kkorijindallae | Manchurian Rhodo-dendron

| 식　물 | 산기슭의 양지에 자라는 반상록성 관목으로 높이 1~2m 정도이다. 가지가 한 마디에서 2~3개씩 나오며 나무껍질은 흑회색을 띤다. 잎은 어긋나게 달리고 윗부분에 모여 나며 타원형 또는 난형으로 가장자리는 밋밋하다. 잎의 표면은 녹색으로 흰점이 있으며 뒷면은 처음에는 흰색이나 나중에는 갈색 인편이 밀생한다. 꽃은 5~7월에 흰색으로 피고 가지 끝에 총상화서로 달린다. 열매는 삭과로 9월에 익고 장타원형이다. |

| 분　포 | 중국 / 한국(강원도; 경기도; 충청북도; 경상북도 봉화군, 영주시) |

| 평가내용 | 취약종 / 국가단위 |

| Description | Semievergreen shrubs, growing in the sunny areas of mountain foothills, about 1-2 m tall. Stem 2-3 branced per node. Bark grayish white. Leaves alternate, clustered at stem apex, elliptical or ovate; margins entire. Upper leaf surface green with white spots, lower surface white first, later covered by dense brown scales. Inflorescence terminal, raceme. Flowers white, bloom from May to July. Fruit capsules, oblong, ripen in September. |

| Distribution | China / Korea (Gangwon-do; Gyeonggi-do; Chungcheongbuk-do; Gyeongsangbuk-do Bonghwa-gun, Youngju-si) |

| Assessment | VU / National |

시로미

Empetrum nigrum var. *japonicum* K.Koch
시로미과 | Empetraceae
Siromi

식 물	높은 산의 정상 근처에 자라는 상록소관목으로 높이 10~20cm 정도이며 옆으로 벋으며 자란다. 가지는 윗부분이 약간 곧추서고 가늘며 어린가지는 적갈색이나 늙으면 검게 된다. 나무껍질은 불규칙하게 터져서 떨어진다. 잎은 선형으로 밀생하며 두껍고 광택이 있다. 잎의 가장자리는 톱니가 없으며 뒤로 말리고 끝은 뭉뚝하다. 꽃은 5~8월에 피고 자주색으로 엽액에 달린다. 열매는 핵과로 8~9월에 검은색으로 익고 구형이다.
분 포	일본, 중국, 러시아 / 한국(제주도)
평가내용	취약종 / 국가단위

Description	Evergreen small shrubs, grow in high mountain tops, about 10-20 cm tall, procumbent. Twigs reddish brown turning black when old. Bark irregularly bursts and falls off. Leaves linear, glossy, thick and densely crowded. Leaf margins entire and revolute; leaf apex obtuse. Inflorescence axillary. Flowers purple, bloom from May to August. Fruit, drupes, spherical, ripen into black in August-September.
Distribution	Japan, China, Russia / Korea (Jeju-do)
Assessment	VU / National

백량금 *Ardisia crenata* Sims
자금우과 | Myrsinaceae
Baengnyanggeum | Coralberry, Spiceberry

| 식 물 | 계곡부나 숲속의 음지에 자라는 상록소관목으로 높이 1m 정도이다. 원줄기는 대개 1개이지만 갈라지는 것도 있으며 윗부분에서 가지가 퍼진다. 잎은 어긋나게 달리며 장타원형으로 두껍고 가장자리가 물결 모양으로 쪼글쪼글하다. 꽃은 6~8월에 흰색으로 피고 잎이 붙는 짧은 가지 끝에 산형 또는 복산형으로 달린다. 열매는 핵과로 둥근 모양이고 9월에 붉은색으로 익으며 다음해 꽃이 필 때까지 달려 있다.

| 분 포 | 중국, 인도, 베트남 / 한국(남해도서; 제주도)

| 평가내용 | 취약종 / 국가단위

| Description | Evergreen small shrubs, growing in valleys or shady areas of forests, about 1 m tall. Stem one, sometimes branched, upper part of stem with several branchlets. Leaves alternate, oblong, thick; margins crenate. Inflorescence terminal, umbels or compound umbels. Flowers white, bloom in June-August. Fruit drupes, spherical, ripen into red in September, persist until following year's flowering time.

| Distribution | China, India, Vietnam / Korea (The southern coastal islands; Jeju-do)

| Assessment | VU / National

만리화

Forsythia ovata Nakai
물푸레나무과 | Oleaceae
Malnihwa

| 식 물 | 산골짜기에 자라는 낙엽관목으로 높이 1~1.5m 정도이다. 가지는 회색 또는 짙은 회색이며 피목이 있고 작은 가지의 속은 갈색 계단상이다. 잎은 마주나고 넓은 난형으로 끝이 급히 뾰족해지며 가장자리에 톱니가 있다. 꽃은 3~4월에 잎보다 먼저 밝은 황색으로 피고 엽액에 1개씩 달린다. 열매는 삭과로 9~10월에 익고 난형이다.

| 분 포 | 한국(강원도 강릉시, 삼척시, 속초시, 양양군, 인제군, 정선군, 태백시; 경상북도 봉화군)

| 평가내용 | 취약종 / 국제단위

| Description | Deciduous shrubs, growing in mountain valleys, about 1-1.5 m tall. Branches gray or dark gray with lenticels; branchlets pith brown chambered. Leaves opposite, broad ovate; apex acute; margins serrate. Inflorescence axillary, solitary. Flowers bright yellow, bloom in March-April, emerge before leaves. Fruit capsules, ovate, ripen in September-October.

| Distribution | Korea (Gangwon-do Gangnueng-si, Samcheok-si, Sokcho-si, Yangyang-gun, Inje-gun, Jeongseon-gun, Taebak-si; Gyeongsangbuk-do Bonghwa-gun)

| Assessment | VU / International

야고

Aeginetia indica L.
열당과 | Orobanchaceae
Yago

| 식 물 | 억새밭에 자라는 한해살이 기생식물로 높이 10~30cm 정도이다. 전체에 털이 없으며 줄기는 짧아 거의 지상부에 드러나지 않고 몇 개의 적갈색 인편이 어긋나게 달린다. 꽃은 9월에 연한 홍자색으로 피고 꽃자루가 줄기에서 나와 그 끝에 한 송이씩 옆을 향해 달린다. 열매는 삭과로 10월에 익고 난상 구형이며 많은 종자가 들어 있다.

| 분 포 | 일본, 중국, 미얀마, 필리핀, 인도 / 한국(전라남도 여수시; 경상남도 통영시; 제주도)

| 평가내용 | 취약종 / 국가단위

| Description | Annual parasitic, growing in grassy fields and mountain slopes, about 10-30 cm tall. Stem short and nearly hairless, almost invisible on the ground surface. Leaf scales alternate, sparse, at base of stem, reddish brown. Inflorescence terinal, usually solitary flowers. Flowers light reddish purple, bloom in September. Fruit capsules, ovate-spherical, ripen in October. Seeds numerous.

| Distribution | Japan, China, Myanmar, Philippines, India / Korea (Jeollanam-do Yeosu-si; Gyeongsangnam-do Tongyeong-si; Jeju-do)

| Assessment | VU / National

땅 귀 개

Utricularia bifida L.
통발과 | Lentibulariaceae
Ttanggwigae | Bifid Bladderwort

| 식 물 | 습지에 자라는 여러해살이 식충식물이다. 뿌리줄기는 가는 실처럼 땅속으로 벋으며 작은 벌레잡이 주머니가 군데군데 달린다. 잎은 선형으로 뿌리줄기에서 드문드문 나오고 밑부분에 흔히 1~2개의 벌레잡이 주머니가 있다. 꽃줄기는 높이 7~15cm 정도이고 난형의 비늘잎이 어긋나게 달린다. 꽃은 8~9월에 밝은 노란색으로 피고 꽃줄기 끝에 2~7개의 꽃이 총상화서로 달린다. 열매는 삭과로 둥근 모양이고 10~11월에 익는다.

| 분 포 | 일본, 중국, 대만, 말레이시아, 인도 / 한국(경기도; 전라남도 화순군; 광주시; 울산시 울주군)

| 평가내용 | 취약종 / 국가단위

| Description | Perennial herbs, carnivorous, grow in wetlands. Rhizome slender, spreading extensively with several prey-catching bladders. Leaves basally sparsely aggregated, linear, often modified into prey-catching bladders; bug catching bladder 1-2. Scape about 7-15 cm in height; scale leaves alternate, ovate. Inflorescence terminal, raceme, 2-7 flowers. Flowers bright yellow, bloom from August to September. Fruit capsules, spherical, ripen from October to November.

| Distribution | Japan, China, Taiwan, Malaysia, India / Korea (Gyeonggi-do; Jeollanam-do Hwasun-gun; Gwangju-si; Ulsan-si Ulju-gun)

| Assessment | VU / National

통발

Utricularia vulgaris var. *japonica* (Makino) Tamura

통발과 | Lentibulariaceae

Tongbal

| 식 물 | 연못이나 늪지에 자라는 여러해살이 식충식물로 뿌리가 없이 물에 뜨며 겨울에는 줄기 끝에 잎이 모여나 둥근 월동아를 만들어 물속으로 가라앉는다. 잎은 어긋나게 달리고 깃꼴로 실처럼 가늘게 갈라진다. 열편은 수평으로 배열하며 뾰족한 톱니와 벌레잡이 주머니가 있다. 꽃줄기는 곧추서고 물속의 줄기보다 가늘다. 비늘잎은 소수이고 넓은 난형으로 끝이 둔하다. 꽃은 8~9월에 밝은 노란색으로 피고 꽃줄기 끝에 4~7개씩 총상화서로 달린다. 열매는 잘 맺히지 않는다. |

| 분 포 | 일본, 중국 / 한국(전역) |

| 평가내용 | 취약종 / 국가단위 |

| Description | Perennial herbs, insectivorous, growing in ponds or marshy areas. Plants floating without true roots, winter buds formed at the tip of stem and submerged in water during winter. Leaves alternate, highly dissected; leaf lobes with serrate margins and prey-catching bladders. Finely divided leaves are stringy and ran contrary. Aerial stem erect, more slender than submerged one. Scale leaves few, broad ovate; apex obtuse. Inflorescence terminal, raceme, 4-7 flowers. Flowers bright yellow, bloom from August to September. Fruit rarely formed. |

| Distribution | Japan, China / Korea (Nationwide) |

| Assessment | VU / National |

금강초롱꽃

Hanabusaya asiatica (Nakai) Nakai
초롱꽃과 | Campanulaceae
Geumgangchorongkkot

식 물	숲속이나 바위틈에 자라는 여러해살이풀로 높이 30~90cm 정도이다. 뿌리는 굵으며 갈라지고 줄기는 곧추선다. 잎은 줄기 중간에서 4~6장이 어긋나게 모여나고 난상 장타원형으로 끝이 뾰족하며 밑은 뭉뚝하거나 둥근 모양이다. 잎의 가장자리에는 날카로운 톱니가 있으며 전체적으로 약간 광택이 있다. 꽃은 8~9월에 자주색 또는 흰색으로 피고 종 모양의 꽃이 밑을 향해 달린다. 열매는 삭과로 9~10월에 익는다.
분 포	한국(중부 및 북부의 고산지대)
평가내용	취약종 / 국제단위

Description	Perennial herbs, growing in forests or rocky crevices, about 30-90 cm tall. Root thick, branched. Stem erect. Leaves alternate, 4-6 clustered in the middle of stem, slightly glossy, ovate-oblong; leaf apex acute base obtuse or round; leaf margins sharply serrate. Inflorescence terminal racemes. Flowers purple or white, campanulate (bell-shaped), pendulous, bloom from August to September. Fruit capsules, ripen from September to October.
Distribution	Korea (High mountain areas of Middle region or Northern region)
Assessment	VU / International

어리병풍

Parasenecio pseudotaimingasa (Nakai) B.U.Oh
국화과 | Compositae
Eoribyeongpung

| 식 물 | 숲속에 자라는 여러해살이풀로 높이 60~100cm 정도이다. 줄기는 곧게 서고 세로줄이 있으며 잎은 1장으로 원형이다. 잎의 아래쪽은 심장 모양이며 잎자루가 짧아 원줄기를 둘러싸서 잎집같이 된다. 잎의 가장자리는 손바닥 모양으로 갈라지고 열편은 흔히 3개로 갈라지며 갈래에 불규칙한 톱니가 있다. 꽃은 7~8월에 연한 노란색으로 피고 총상화서가 모여 원추화서를 이룬다. 열매는 9~10월에 익으며 수과이다.

| 분 포 | 한국(전라북도 남원시; 전라남도 광양시, 구례군; 경상남도 산청군, 하동군)

| 평가내용 | 취약종 / 국제단위

| Description | Perennial herbs growing in forests, about 60-100 cm tall. Stem erect, vertical ridges present. Cauline leaf 1, peltate; leaf base cordate (heart-shaped); petiole short, wrap round the stem becoming sheath-like. Leaves palmately lobed; lobes often divided into 3 again; margins irregularly toothed. Inflorescence heads (discoid) arranged in racemes and panicles. Disk florets pale yellow, bloom in July-August. Fruit achenes, ripen from September to October.

| Distribution | Korea (Jeollabuk-do Namwon-si; Jeollanam-do Gwangyang-si, Gurye-gun; Gyeongsangnam-do Sancheong-gun, Hadong-gun)

| Assessment | VU / International

땅나리

Lilium callosum Siebold & Zucc.
백합과 | Liliaceae
Ttangnari | Slimstem Lily

| 식 물 | 산이나 들에 나는 여러해살이풀로 높이 30~100cm 정도이다. 비늘줄기는 작고 인편은 적으며 비늘줄기 위의 원줄기에서 뿌리가 나온다. 줄기는 곧게 서며 잎은 조밀하게 어긋나게 달리고 선형 또는 넓은 선형으로 가장자리가 밋밋하지만 때로는 반원형의 돌기가 있다. 꽃은 7월에 황적색으로 피고 줄기 끝에 1~9개가 밑을 향해 달린다. 화피에 뚜렷하지 않은 반점이 있으며 뒤로 많이 말린다. 열매는 삭과로 9월에 익고 장타원형이며 3개로 갈라진다.

| 분 포 | 일본, 중국, 대만 / 한국(전라남도; 제주도)

| 평가내용 | 취약종 / 국가단위

| Description | Perennial herbs found in mountains or open fields, about 30-100 cm tall. Bulb small with few scales, roots emerge from the main stem right above bulbs. Stem erect. Leaves alternate, linear or broadly linear, clustered; margins entire but sometimes papillose. Flowers yellowish red, solitary, terminal, 1-9 in a raceme, nodding, bloom in July. Perianth with indistinctive spots and middle part and apex revolute. Fruit capsules, oblong, opens along 3 sutures, ripen in September.

| Distribution | Japan, China, Taiwan / Korea (Jeollanam-do; Jeju-do)

| Assessment | VU / National

솔나리

Lilium cernuum Kom.
백합과 | Liliaceae
Sollari | Nodding Lily

식 물	산지 능선부에 자라는 여러해살이풀로 높이 30~80cm 정도이다. 인경은 난상타원형이고 줄기는 곧추서며 단단하다. 잎은 다닥다닥 어긋나게 달리고 선형 또는 실 모양으로 잎자루는 없으며 위로 올라갈수록 작아진다. 꽃은 6~8월에 분홍색 또는 홍자색으로 피며 줄기 끝에 1~4개가 밑을 향해 달린다. 화피 안쪽에 자색 반점이 있고 뒤로 말린다. 열매는 삭과로 9월에 익고 넓은 난형으로 끝이 편평하며 3개로 갈라진다.
분 포	중국, 러시아 / 한국(경기도; 강원도; 충청북도; 경상북도)
평가내용	취약종 / 국가단위

Description	Perennial herbs growing on mountain ridges, about 30-80 cm tall. Bulb ovate-elliptical. Stem erect and robust. Leaves alternate, clustered, linear or finely linear, sessile (no petiole), becoming smaller toward upper part. Flowers pink or pinkish red, terminal, solitary, 1-4 in a raceme, nodding, bloom in June-August. Perianth adaxial surface purple spotted and recurved. Fruit capsules, broadly ovate, apex flat, opens along 3 sutures, ripen in September.
Distribution	China, Russia / Korea (Gyeonggi-do; Gangwon-do; Chungcheongbuk-do; Gyeongsangbuk-do)
Assessment	VU / National

큰연영초

Trillium tschonoskii Maxim.
백합과 | Liliaceae
Keunyeonyeongcho | Tschonosk Trillium

| 식 물 | 숲속에 자라는 여러해살이풀로 높이 20~40cm 정도이다. 뿌리줄기는 굵고 짧으며 튼튼한 뿌리를 낸다. 줄기는 1~3개로 곧추서고 밑부분이 인편엽으로 싸인다. 잎은 줄기 끝에 3개씩 돌려나고 잎자루가 없으며 난상 원형으로 끝이 뾰족하다. 꽃은 5~6월에 흰색으로 피고 돌려난 잎 중앙에서 올라온 1개의 꽃줄기 끝에 1개씩 달린다. 열매는 장과로 8~9월에 검정색으로 익고 난상 구형이다. |

| 분 포 | 일본, 중국, 대만, 히말라야 / 한국(경상북도 울릉군) |

| 평가내용 | 취약종 / 국가단위 |

| Description | Perennial herbs growing in forests, about 20-40 cm tall. Rhizome thick and short, with robust roots. Stem erect, 1-3, base covered by leaf scales. Leaves 3, whorled at the tip of stem, sessile; ovate-round, apex acute. Inflorescence terminal, solitary. Flower white, bloom in May-June. Fruit berries, ovate-spherical, ripen black in August-September. |

| Distribution | Japan, China, Taiwan, Himalaya / Korea (Gyeongsangbuk-do Ulleung-gun) |

| Assessment | VU / National |

금붓꽃 *Iris minutiaurea* Makino
붓꽃과 | Iridaceae
Geumbuskkot

| 식 물 | 산기슭 양지에서 자라는 여러해살이풀로 높이 15cm 정도이다. 뿌리줄기는 옆으로 벋으며 단단하고 수염뿌리는 황백색이다. 식물체의 밑부분은 묵은 잎으로 둘러싸이고 꽃줄기는 곧추서며 잎은 좁은 선형으로 중륵이 뚜렷하지 않다. 꽃은 4~5월에 노란색으로 피고 꽃줄기 끝에 1개씩 달린다. 열매는 삭과로 6~7월에 익으며 난형이고 예리한 3릉형이다. |

| 분 포 | 중국 / 한국(전역) |

| 평가내용 | 취약종 / 국가단위 |

| Description | Perennial herbs growing in sunny open fields of mountain foothills, about 15 cm tall. Rhizome creeping, study; fibrous roots yellowish white. Stem base enveloped by older leaves. Flower stalk erect; leaves narrow linear, midrib indistinctive. Inflorescence terminal, solitary. Flowers yellow, bloom in April-May. Fruit capsules, ovate with 3 sharp ridges, ripen in June-July. |

| Distribution | China / Korea (Nationwide) |

| Assessment | VU / National |

노랑무늬붓꽃

Iris odaesanensis Y.N.Lee
붓꽃과 | Iridaceae
Norangmunuibuskkot

| 식 물 | 높은 산의 산기슭이나 능선부에 자라는 여러해살이풀로 높이 20cm 정도이며 뿌리줄기는 가늘게 옆으로 벋는다. 잎은 칼 모양으로 약간 넓고 중륵은 뚜렷하지 않으며 밑부분에 묵은 잎이 있다. 꽃은 4~5월에 흰색으로 피고 꽃줄기 끝에 2개씩 달리며 외화피의 안쪽에 노란 줄무늬가 있다. 열매는 삭과로 6~8월에 익고 난형이며 3개의 능선이 있다.

| 분 포 | 한국(강원도 강릉시, 영월군, 정선군, 태백시, 평창군, 홍천군; 충청북도 단양군; 경상북도 봉화군, 영덕군, 영양군, 영주시, 영천시, 청도군, 포항시; 대구시 동구)

| 평가내용 | 취약종 / 국가단위

| Description | Perennial herbs found in high mountain ridges or mountain foothills, about 20 cm tall. Rhizome slender, creeping. Leaves sword-shaped, slightly wider, midrib indistinctive; older leaves present in base. Flowers white, yellow stripes in outer perianth, 2 per scape, bloom in April and May. Fruit capsules, ovate with 3 ridges, ripen from June to August.

| Distribution | Korea (Gangwon-do Gangnueng-si, Yeongwol-gun, Jeongseon-gun, Taebaek-si, Pyeongchang-gun, Hongcheon-gun; Chungcheongbuk-do Danyang-gun; Gyeongsangbuk-do Bonghwa-gun, Yeongdeok-gun, Yeongyang-gun, Yeongju-si, Yeongcheong-si, Cheongdo-gun, Pohang-si; Daegu-si Dong-gu)

| Assessment | VU / National

새 우 난 초

Calanthe discolor Lindl.
난초과 | Orchidaceae
Saeunancho | Common Calanthe

식 물	숲속에서 자라는 여러해살이풀로 높이 25~50cm 정도이다. 뿌리줄기는 옆으로 벋고 염주형으로 마디가 많으며 잔뿌리가 돋는다. 줄기는 곧추서고 밑부분에 1~2개의 인편엽이 있다. 잎은 밑부분에서 2~3개가 나오며 장타원형으로 주름이 많다. 꽃은 4~5월에 피며 꽃줄기 끝에 총상으로 모여 달린다. 꽃잎은 백색 또는 연한 자주색이고 꽃받침은 자줏빛이 도는 갈색이다. 열매는 삭과로 7~8월에 익고 밑으로 처진다.
분 포	중국 / 한국(충청남도 태안군; 전라남도; 제주도)
평가내용	취약종 / 국가단위

Description	Perennial herbs growing in forests, about 25-50 cm tall. Rhizome creeping, beads-shaped, numerous nodes with fine roots. Stem erect with 1-2 scale leaves. Leaves basal, 2-3, oblong, plicate (wrinkled). Inflorescence terminal, racemes. Flowers white or pale purple, bloom in April and May; calyx purplish brown. Fruit capsules, pendulous, ripen from July to August.
Distribution	China / Korea (Chungcheongnam-do Taean-gun; Jeollanam-do; Jeju-do)
Assessment	VU / National

큰방울새란

Pogonia japonica Rchb.f.
난초과 | Orchidaceae
Keunbangulsaeran | Japanese Pogonia

| 식 물 | 양지바른 습지에서 자라는 여러해살이풀로 높이는 10~40cm 정도이다. 여러 개의 굵은 수염뿌리가 있고 옆으로 길게 뻗으며 약간 단단하다. 줄기는 곧추서고 아랫부분에 막질 비늘잎이 있으며 잎은 줄기 중앙에 1장씩 달린다. 잎은 피침형 또는 긴 타원형으로 끝이 둔하고 밑부분이 좁아져 줄기에 붙어 날개처럼 흐른다. 꽃은 5~7월에 홍자색으로 피고 줄기 끝에 1개씩 달리며 포는 잎 모양으로 자방보다 길다. 열매는 삭과로 9월에 익으며 길이가 3cm에 달한다. |

| 분 포 | 일본, 중국 / 한국(경기도; 경상북도; 경상남도; 제주도) |

| 평가내용 | 취약종 / 국가단위 |

| Description | Perennial herbs found in sunny wetlands, about 10-40 cm tall. Rhizome several, slender, elongate, somewhat hard. Stem erect, base enveloped by membranous scales. Leaf 1; lanceolate or long elliptical; base obtuse, becoming narrower and amplexicaul. Inflorescence terinal, solitary; bracts leaf-like, longer than ovary. Flowers reddish purple, bloom in May-July. Fruit capsules, about 3 cm long, ripen in September. |

| Distribution | Japan, China / Korea (Gyeonggi-do; Gyeongsangbuk-do; Gyeongsangnam-do; Jeju-do) |

| Assessment | VU / National |

방울새란

Pogonia minor (Makino) Makino
난초과 | Orchidaceae
Bangulsaeran

| 식 물 | 양지바른 산지의 풀밭 또는 습지에 자라는 여러해살이풀로 높이 10~25cm 정도이다. 줄기의 아랫부분에 비늘잎이 있으며 중앙보다 약간 위에 1개의 잎이 달린다. 잎은 육질로 약간 두껍고 도피침형 또는 장타원형으로 끝이 둔하며 밑은 좁아져서 줄기에 붙어 아래로 흐른다. 꽃은 6~8월에 피며 원줄기 끝에 1개가 달리고 흰 바탕에 연한 홍자색이 돈다. 꽃은 거의 열리지 않아 활짝 피지 않고 포는 잎 모양으로 자방보다 길다. 열매는 삭과로 9월에 익으며 길이 2.5cm 정도이다. |

| 분 포 | 일본 / 한국(경기도 광릉; 강원도; 제주도) |

| 평가내용 | 취약종 / 국가단위 |

| Description | Perennial herbs found on sunny mountain meadows or marshes, about 10-25 cm tall. Stem base with scale leaves. Leaf 1, fleshy, somewhat thick, oblanceolate or oblong; apex obtuse (round), base becoming narrower and amplexicaul. Inflorescence terminal, solitary; bracts leaf-like, longer than ovary. Flowers reddish purple on white background, rarely fully open, bloom from June to August. Fruit capsules, about 2.5 cm long, ripen in September. |

| Distribution | Japan / Korea (Gyeonggi-do Gwangneung; Gangwon-do; Jeju-do) |

| Assessment | VU / National |

골고사리

Asplenium scolopendrium L.
꼬리고사리과 | Aspleniaceae
Golgosari

식 물	숲속 그늘진 곳에 자라는 상록성 여러해살이 양치식물로 높이 10~50cm 정도이다. 뿌리 줄기는 짧고 비스듬히 서며 잎이 모여난다. 잎자루는 뿌리줄기와 더불어 연한 갈색이고 인편이 밀생한다. 잎은 피침형으로 끝이 뾰족하고 가장자리는 밋밋하며 밑부분은 심장형이다. 포자낭군은 잎의 1/3 정도에서부터 측맥과 나란히 2개씩 마주 달리며 선형이다. 포막은 선형으로 갈색의 연한 막질이다.
분 포	온대지역 / 한국(강원도; 전라북도 변산반도; 경상북도 울릉군; 제주도)
평가내용	약관심종 / 국가단위

Description	Evergreen perennial ferns found in forests, about 10-50 cm tall. Rhizomes short, ascending. Fronds (fern leaves) clustered; petiole and rhizomes pale brown, covered by dense scales. Fronds lanceolate; apex acute; margins entire; base cordate (heart-shaped). Sori 2 rowed, linear, parallel to lateral veins from 1/3 of frond. Indusia linear, brown, and membranous.
Distribution	Temperate regions / Korea (Gangwon-do; Jeollabuk-do Byeonsan-bando; Gyeongsangbuk-do Ulleung-gun; Jeju-do)
Assessment	LC / National

구상나무

Abies koreana Wilson
소 나 무 과 | Pinaceae
Gusangnamu | Korean Fir

| 식 물 | 높이 18m에 달하는 상록교목으로 늙은 나무의 껍질은 거칠다. 잔가지는 황색이나 털이 없어지면 갈색이 돌고 겨울눈은 난상 원형으로 수지가 약간 있다. 잎은 선형으로 끝이 2갈래로 갈라지며 표면은 녹색이고 뒷면은 흰빛이 돈다. 꽃은 5~6월에 피고 수꽃송이는 엽액에서 모여 달리며 타원형으로 처음에는 적색이나 나중에 노란색으로 된다. 암꽃송이는 엽액에서 위를 향해 달리며 보통 녹색 또는 자갈색이다. 열매는 구과로 9~10월에 익고 원통형이며 녹색 또는 자갈색이다. 포편의 침상돌기는 뒤로 젖혀지고 종자는 난형으로 날개가 있다.

| 분 포 | 한국(덕유산; 지리산; 한라산)

| 평가내용 | 약관심종 / 국제단위

| Description | Evergreen trees, about 18 m tall. Bark of older tree rough. Twigs yellow, turning brown after shedding hairs. Winter buds ovate-spherical, with resin. Leaves linear with two-pronged split ends; upper surface green, lower surface whitish. Male and female cones develop between May and June. Male cones, axillary, clustered, elliptical, red first but turning yellow later. Female cones axillary, erect, green or purplish brown. Seed cones, cylindrical, ripen in September and October, green or purplish brown. Bracts cuspidate and reflexed. Seeds ovate and winged.

| Distribution | Korea (Mt. Deogyu; Mt. Jiri; Mt. Halla)

| Assessment | LC / International

솔송나무

Tsuga sieboldii Carrière
소 나 무 과 | Pinaceae
Solsongnamu | Japanese Hemlock, Siebold Hemlock

| 식 물 | 숲속에서 자라는 상록성 침엽교목으로 높이는 30m, 지름 1m에 달한다. 가지는 수평으로 퍼지고 수관이 난상 원형이다. 나무껍질은 회적갈색이고 어린가지는 엷은 황갈색으로 털이 없으며 광택이 있다. 잎은 선형으로 끝이 약간 들어가며 표면은 짙은 녹색으로 윤채가 있고 뒷면 중륵 양쪽에 흰색 기공선이 있다. 꽃은 4~5월에 피며 수꽃송이는 위를 향하고 암꽃송이는 가지 끝에서 아래를 향해 달린다. 열매는 구과로 10월에 익으며 타원형 또는 난형이다. 종자는 황갈색으로 한쪽에 날개가 있다.

| 분 포 | 일본 / 한국(경상북도 울릉군)

| 평가내용 | 약관심종 / 국가단위

Description Evergreen trees grow in forests, about 30 m in height and 1 m in diameter. Branches horizontally spreading. Mature tree ovate-spherical shaped. Bark gray or brown. Branchlets pale yellowish brown, glabrous, glossy. Leaves linear; apex slightly clefted; upper surface dark green, glossy; lower surface with 2 rows of white stomatal lines. Male and female cones develop in April to May. Male cones erect. Female cones terminal, pendulous. Seed cones mature in October, elliptical or ovate. Seeds yellowish brown and winged in one side.

Distribution Japan / Korea (Gyeongsangbuk-do Ulleung-gun)

Assessment LC / National

JeeYeun Suh 2006

한라돌쩌귀

Aconitum japonicum subsp. *napiforme* (H.Lév. & Vaniot) Kadota
미 나 리 아 재 비 과 | Ranunculaceae
Hanradoljjeogwi

| 식 물 | 풀밭에서 자라는 여러해살이풀로 높이 45~100cm 정도이다. 뿌리는 도란형으로 비대하다. 줄기는 곧추서거나 누워 자라고 밑부분을 제외한 나머지 부분에 굽은 털이 있다. 잎은 어긋나게 달리고 3개로 완전히 갈라진다. 양쪽의 갈라진 조각은 다시 2개로 깊게 갈라진 다음 중앙의 갈라진 조각과 같이 끝이 2~3개로 갈라진다. 꽃은 8~9월에 보라색으로 피며 투구 모양으로 총상화서에 달린다. 열매는 골돌로 9월에 익는다. |

| 분 포 | 일본, 중국 / 한국(전라남도 완도군; 한라산) |

| 평가내용 | 약관심종 / 국가단위 |

| Description | Perennial herbs found in open fields, about 45-100 cm tall. Root obovate and bulky. Stem erect or ascending, covered by curved hairs except lower part. Leaves alternate, divided into 3 leaflets; two lateral leaflets further divided into 2 and terminal and two lateral leaflets 2-3 segmented again. Inflorescence raceme. Flowers purple, helmet shaped, bloom from August to September. Fruit follicles, ripen in September. |

| Distribution | Japan, China / Korea (Jeollanam-do Wando-gun; Mt. Halla) |

| Assessment | LC / National |

홀아비바람꽃

Anemone koraiensis Nakai
미나리아재비과 | Ranunculaceae
Holabibaramkkot

| 식 물 | 산지의 습한 곳에 자라는 여러해살이풀이다. 높이는 7cm 내외로 굵은 뿌리줄기가 옆으로 벋고 끝부분에 갈색 인편이 있다. 뿌리에서 돋은 잎은 1~2장으로 손바닥 모양으로 깊게 갈라지며 가장자리는 얕은 톱니 모양으로 갈라진다. 꽃은 4~5월에 흰색으로 피고 뿌리줄기에서 1~2개의 꽃줄기가 나와 끝에 1개의 꽃이 달린다. 포는 잎 같고 꽃줄기에 달리며 3개로 깊게 갈라진다. 열매는 수과로 6월에 익는다. |

| 분 포 | 한국(강원도; 충청북도 단양군) |

| 평가내용 | 약관심종 / 국제단위 |

| Description | Perennial herbs found in moist areas of mountains, about 7 cm tall. Rhizome thick, creeping horizontally, covered by brown scales at the tip. Basal leaves 1-2, deeply palmately lobed; margins further divided shallowly. Inflorescence terminal, solitary, 1-2 flowering stems emerge from rhizomes; bracts leaf-like and deeply divided into 3 segments. Flowers white, bloom from April to May. Fruit achenes, ripen in June. |

| Distribution | Korea (Gangwon-do; Chungcheongbuk-do Danyang-gun) |

| Assessment | LC / International |

변산바람꽃 *Eranthis byunsanensis* B.Y.Sun
미나리아재비과 | Ranunculaceae
Byeonsanbaramkkot

| 식 물 | 숲속에 자라는 여러해살이풀로 높이는 10cm 정도이다. 덩이줄기는 둥글고 위쪽에서 잎과 꽃줄기가 나온다. 뿌리에서 돋은 잎은 1~4장으로 잎자루가 길고 3개로 깊게 갈라지며 열편이 다시 깃처럼 갈라진다. 꽃줄기는 곧게 서고 줄기 끝에 하나의 꽃이 핀다. 꽃은 3~4월에 피고 흰색이며 포엽은 2장으로 불규칙하게 갈라진다. 열매는 골돌로 4~5월에 익고 반월형이다. |

| 분 포 | 한국(경기도 수원시; 전라북도 정읍시, 부안군, 진안군; 경상북도 경주시; 울산시; 지리산; 한라산) |

| 평가내용 | 약관심종 / 국제단위 |

| Description | Perennial herbs growing in forests, about 10 cm tall. Tuber round, leaves and flowering stems emerge from the top. Basal leaves 1-4, long petiolate, deeply segmented into 3 and each segment further divided, like a feather. Flowering stem erect. Inflorescence terminal, solitary; bracts 2, irregularly segmented. Flowers white, bloom in March-April. Fruit follicles semi-lunar shape, ripen in April-May. |

| Distribution | Korea (Gyeonggi-do Suwon-si; Jeollabuk-do Jeongeup-si, Buan-gun, Jinan-gun; Gyeongsangbuk-do Gyeongju-si; Ulsan-si; Mt. Jiri; Mt. Halla) |

| Assessment | LC / International |

2004. SEUNG·HYUN YI

너도바람꽃

Eranthis stellata Maxim.
미나리아재비과 | Ranunculaceae
Neodobaramkkot

| 식 물 | 숲속의 반음지에서 자라는 여러해살이풀로 높이 10~15cm 정도이다. 둥근 덩이줄기가 있으며 그 끝에서 잎과 꽃줄기가 자란다. 뿌리에서 돋은 잎은 잎자루가 길고 3개로 깊게 갈라지며 열편이 다시 깃처럼 갈라진다. 꽃은 3~4월에 피고 흰색이며 곧게 선 꽃줄기 끝에 1개씩 달린다. 포엽은 돌려나고 깃처럼 갈라진다. 열매는 골돌로 4~5월에 익고 반월형이다. |

분 포 중국, 러시아 / 한국(경기도; 강원도; 충청북도; 충청남도; 경상북도; 경상남도; 제주도)

평가내용 약관심종 / 국가단위

| Description | Perennial herbs growing semi shady areas in forests, about 10-15 cm tall. Tuber round, leaves and flowering stem emerge from the top. Basal leaves long petiolate, deeply 3 segmented; each segment further divided like a feather. Inflorescence terminal, solitary; bracts whorled, deeply segmented. Flowers white, bloom in March-April. Fruit follicles, semi-lunar shaped, ripen in April-May. |

Distribution China, Russia / Korea (Gyeonggi-do; Gangwon-do; Chungcheongbuk-do; Chungcheongnam-do; Gyeongsanbuk-do; Gyeongsangnam-do; Jeju-do)

Assessment LC / National

Seung-Hyun Yi 2005

매미꽃 *Coreanomecon hylomeconoides* Nakai
양귀비과 | Papaveraceae
Maemikkot

| 식 물 | 숲속에 자라는 여러해살이풀로 높이 20~40cm 정도이며 뿌리줄기는 짧고 굵다. 잎은 모두 뿌리에서 나며 잎자루가 길고 3~7개의 작은잎으로 갈라진다. 작은잎은 타원형, 난형 또는 도란형으로 끝이 길게 뾰족해지며 가장자리에 날카로운 톱니가 있고 결각상으로 갈라지기도 한다. 잎은 잎자루와 더불어 잔털이 있고 자르면 붉은 유액이 나온다. 꽃은 4~6월에 노란색으로 피며 뿌리에서 돋은 꽃줄기 끝에 1~10개의 꽃이 위를 향해 달린다. 열매는 삭과로 6~7월에 익고 좁은 원주형으로 염주같이 잘록잘록하다.

| 분 포 | 일본 / 한국(전라남도)

| 평가내용 | 약관심종 / 국제단위

| Description | Perennial herbs growing in forests, about 20-40 cm tall. Rhizome short and thick. Leaves all basal, long petiolate, divided into 3-7 segments. Leaflets elliptical, ovate or obovate; apex acuminate; margins serrate. Inflorescence terminal, 1-10 flowers, erect. Flowers yellow, bloom from April to June. Fruit capsules, narrow cylindrical like a rosary, ripen in June-July.

| Distribution | Japan / Korea (Jeollanam-do)

| Assessment | LC / International

히어리

Corylopsis gotoana var. *coreana* (Uyeki) T.Yamaz.
조 록 나 무 과 | Hamamelidaceae
Hieori

| 식 물 | 산기슭에 자라는 낙엽관목으로 높이 2~3m 정도이다. 가지는 황갈색 또는 암갈색으로 난상 원형의 잎이 어긋나게 달린다. 잎 끝은 뾰족하고 아래는 심장형으로 가장자리에 뾰족한 톱니가 있다. 꽃은 4월에 노란색으로 피고 총상화서로 8~12개의 꽃이 아래를 향하여 모여 달린다. 열매는 9월에 익고 삭과로 둥근 모양이며 종자는 검은색이다. |

| 분 포 | 한국(강원도 화천군; 전라북도 남원시; 전라남도 고흥군, 곡성군, 광양시, 구례군, 보성군, 순천시, 장성군, 장흥군, 화순군; 광주시 북구; 경상남도 남해군, 산청군, 하동군, 함양군; 제주도) |

| 평가내용 | 약관심종 / 국제단위 |

| Description | Deciduous shrubs grow in foothills of mountains, about 2-3 m tall. Branches tan or dark brown. Leaves alternate, ovate; apex acute, base cordate; margins serrate. Inflorescence racemes, 8-12 flowers, pendulous. Fruit capsules, round, ripen in September. Seeds black. |

| Distribution | Korea (Gangwon-do Hwacheon-gun; Jeollabuk-do Namwon-si; Jeollanam-do Goheung-gun, Gokseong-gun, Gwangyang-si, Gurye-gun, Boseong-gun, Suncheon-si, Jangseong-gun, Jangheung-gun, Hwasun-gun; Gwangju-si Buk-gu; Gyeongsangnam-do Namhae-gun, Sancheung-gun, Hadong-gun, Hamyang-gun; Jeju-do) |

| Assessment | LC / International |

가침박달

Exochorda serratifolia S.Moore
장미과 | Rosaceae
Gachimbakdal | Serrateleaf Pearlbush

| 식　물 | 산기슭의 양지나 산골짜기에 자라는 낙엽관목으로 높이 1~5m 정도이고 잔가지는 붉은빛이 도는 갈색이며 흰색 피목이 산재한다. 잎은 어긋나며 타원형 또는 도란상 타원형으로 끝이 뾰족하고 가장자리의 위쪽에 톱니가 있다. 꽃은 4~5월에 흰색으로 피고 가지 끝의 총상화서에 3~8개씩 달린다. 열매는 삭과로 9월에 익으며 날개가 있다.

| 분　포 | 일본, 중국, 러시아, 미국, 유럽 / 한국(황해도; 강원도; 충청북도; 경상북도)

| 평가내용 | 약관심종 / 국가단위

| Description | Deciduous shrubs found in sunny areas of foothills or mountain valleys, about 1-5 m tall. Twigs reddish brown with scattered white lenticels. Leaves alternate, elliptical or obovate-elliptical; apex acute; margins serrate. Inflorescence terminal, racemes, 3-8 flowers. Flowers white, bloom from April to May. Fruit capsules, with wings, ripen in September.

| Distribution | Japan, China, Russia, America, Europe / Korea (Hwanghae-do; Gangwon-do; Chungcheongbuk-do; Gyeongsangbuk-do)

| Assessment | LC / National

갯방풍

Glehnia littoralis F.Schmidt ex Miq.

산형과 | Umbelliferae

Gaesbangpung | Coastal Glehnia

| 식 물 | 바닷가 모래땅에서 자라는 여러해살이풀로 높이 5~30cm 정도이고 굵은 황색 뿌리가 땅속 깊이 들어가며 전체에 긴 흰색털이 있다. 뿌리에서 돋은 잎과 밑부분의 잎은 잎자루가 길고 땅 위로 퍼지며 삼각형 또는 난상 삼각형으로 3개씩 1~2회 갈라진다. 작은잎은 다시 3개로 갈라지며 타원형 또는 도란형으로 끝이 둥글거나 둔하고 가장자리에 불규칙한 톱니가 있다. 꽃은 5~7월에 흰색으로 피고 줄기 끝에 복산형화서로 달린다. 열매는 분열과로 7~8월에 익고 도란형이며 털이 있다. |

| 분 포 | 일본, 중국, 러시아 / 한국(해안가 전역) |

| 평가내용 | 약관심종 / 국가단위 |

| Description | Perennial herbs found on sandy beaches, about 5-30 cm tall. Root thick, yellow, deeply rooted, covered by long white hairs. Basal and lower cauline leaves long petiolate, spreading horizontally, triangular or ovate-triangular, 1 or 2 times ternately dissected. Leaflets further divided into 3 segments, elliptical or obovate, acute round, margins irregularly serrate. Inflorescence terminal, compound umbels. Flowers white, bloom from May to July. Fruit schizocarp with 2 mericarps, obovate with hairs, ripens from July to August |

| Distribution | Japan, China, Russia / Korea (Coastal areas) |

| Assessment | LC / National |

수정난풀

Monotropa uniflora L.
노루발과 | Pyrolaceae
Sujeongnanpul

식 물	숲속에서 자라는 여러해살이 부생식물로 높이 10~20cm 정도이다. 뿌리는 덩어리같이 되며 갈색이 돌고 여러 개의 줄기가 모여 난다. 뿌리 이외에는 순백색이고 줄기 윗부분에 흔히 긴 털이 있으며 비늘 같은 잎이 빽빽이 어긋나게 달린다. 꽃은 8~10월에 피고 줄기 끝에 1개씩 밑을 향해 달린다. 열매는 삭과로 타원상 구형이며 위를 향해 달린다.
분 포	동아시아, 인도, 미국 / 한국(전역)
평가내용	약관심종 / 국가단위

Description	Perennial herbs, saprophytic, found in forests, about 10-20 cm tall. Roots tuberous, brown, stems clustered. Stem white, long hairs in upper part. Leaves alternate, scale like, densely overlapped. Inflorescence terminal, solitary. Flowers white, pendulous, bloom from August to October. Fruit capsules, elliptical-spherical, erect.
Distribution	East Asia, India, America / Korea (Nationwide)
Assessment	LC / National

만병초

Rhododendron brachycarpum D.Don ex G.Don

진달래과 | Ericaceae

Manbyeongcho | Fujiyama Rhododendron

| 식 물 | 숲속에 자라는 상록관목으로 높이는 4m에 달한다. 나무껍질은 회백색이며 불규칙하게 터져서 떨어진다. 어린가지에 회색 털이 밀생하지만 곧 없어지며 갈색으로 변한다. 잎은 어긋나게 달리나 가지 끝에서는 5~7개 모여나고 타원형 또는 타원상 피침형으로 끝이 둔하며 밑부분은 둥글거나 얕은 심장 모양이다. 잎은 다소 가죽질이며 가장자리는 밋밋하고 뒤로 말린다. 꽃은 6~7월에 흰색 또는 연한 홍색으로 피고 안쪽 위쪽에 녹색 반점이 있으며 10여 송이가 가지 끝에 모여 달린다. 열매는 삭과로 9월에 익고 타원형이며 갈색이다. |

| 분 포 | 일본, 중국, 몽골, 러시아 / 한국(강원도 속초시, 양양군, 인제군, 태백시; 경상북도 울릉군) |

| 평가내용 | 약관심종 / 국가단위 |

| Description | Evergreen shrubs found in forests, reaching height of 4 m. Bark grayish white, irregularly furrowed. Young branches covered by dense gray hairs, but later changing to hairless, brown. Leaves alternate, fleshy, 5-7 clustered at the tip of stem; elliptical or elliptical-lanceolate; apex obtuse, base round or cordate; margins entire and reflexed. Inflorescence terminal, 10 flowers clustered at the tip. Flowers pale pink, inside upper part with green spots, bloom in June and July. Fruit capsules, elliptical, brown, ripen in September. |

| Distribution | Japan, China, Mongolia, Russia / Korea (Gangwon-do Sokcho-si, Yangyang-gun, Inje-gun, Taebaek-si; Gyeongsangbuk-do Ulleung-gun) |

| Assessment | LC / National |

이팝나무

Chionanthus retusus Lindl. & Paxton
물푸레나무과 | Oleaceae
Ipamnamu | Retusa Fringe Tree

| 식   물 | 높이가 20~30m에 달하는 낙엽교목으로 가지는 회갈색이며 어릴 때 잔털이 약간 있다. 잎은 마주나고 난형 또는 타원형으로 가장자리는 보통 밋밋하나 어린나무의 경우 겹톱니가 있다. 꽃은 흰색으로 4~6월에 피고 새 가지 끝에서 취산화서로 달린다. 열매는 핵과로 타원형이며 9~10월에 검게 익는다. |

| 분   포 | 일본, 중국 / 한국(인천시 옹진군; 경기도 동두천시, 화성시; 강원도 춘천시; 전라북도 고창군, 부안군, 신안군; 경상북도 포항시) |

| 평가내용 | 약관심종 / 국가단위 |

| Description | Deciduous trees, about 20-30 m tall. Branches gray-brown, covered by hairs when young. Leaves opposite, ovate or elliptical; margins entire, but serrate in young trees. Inflorescence terminal, cymes. Flowers white, bloom from April to June. Fruit drupes, elliptical, ripen black in September-October. |

| Distribution | Japan, china / Korea (Incheon-si Ongjin-gun; Gyeonggi-do Dongducheon-si, Hwaseong-si; Gangwon-do Chuncheon-si; Jeollabuk-do Gochang-gun, Buan-gun, Shinan-gun; Gyeongsangbuk-do Pohang-si) |

| Assessment | LC / National |

LEE JOO YOUNG

꽃개회나무

Syringa wolfii C.K.Schneid.
물 푸 레 나 무 과 | Oleaceae
Kkotgaehoenamu

| 식 물 | 깊은 산의 중턱 이상에서 자라는 낙엽관목으로 높이 4~6m 정도이고 잔가지에 피목이 있으며 나무껍질은 암회색을 띤다. 잎은 마주나고 타원형 또는 장타원형으로 양 끝이 뾰족하며 가장자리는 밋밋하다. 꽃은 6~8월에 자홍색으로 피고 새 가지 끝의 원추화서에 달린다. 열매는 삭과로 9~10월에 익고 끝이 둔하거나 뾰족하며 광택이 있다.

| 분 포 | 중국 / 한국(전국 고산의 표고 700m 이상의 산복 및 산정)

| 평가내용 | 약관심종 / 국가단위

| Description | Deciduous shrubs found in deep mountain slopes above middle elevation, about 4-6 m tall. Branchlets with lenticels. Bark dark gray. Leaves opposite, elliptical or oblong; apex and base acute; margins entire. Inflorescence terminal, panicles. Flowers reddish pink, bloom in June and August. Fruit capsules, tip round or acute, glossy, ripen between September and October.

| Distribution | China / Korea (Mountains nationwide -700 m above sea level)

| Assessment | LC / National

참배암차즈기

Salvia chanryonica Nakai
꿀풀과 | Labiatae
Chambaeamchajeugi

| 식 물 | 산지 숲속에 자라는 여러해살이풀로 높이 40~50cm 정도이다. 뿌리는 옆으로 길게 벋고 마디에서 새싹이 돋기도 한다. 식물체 전체에 갈색털이 있으며 줄기는 곧게 서고 네모진다. 잎은 아래쪽에 많이 달리고 마주나며 긴 잎자루가 있으나 위쪽의 줄기에 달린 잎은 잎자루가 짧다. 잎 끝은 둔하고 밑은 심장 모양이며 가장자리에 둔한 톱니가 있다. 꽃은 7~9월에 노란색으로 피고 줄기 위에 수상화서로 달리며 끝이 2개로 갈라진 암술대가 길게 밖으로 나온다. 열매는 9~10월에 익는다. |

| 분 포 | 한국(강원도 속초시, 양양군, 인제군; 충청북도 단양군, 제천시; 경상북도 봉화군; 가야산) |

| 평가내용 | 약관심종 / 국제단위 |

| Description | Perennial herbs growing in high mountain forests, about 40-50 cm tall. Root elongate horizontally, sometimes sprout grows from the nodes. Plants covered by brown hairs. Stem erect and squared (4-sided). Leaves mostly basal, opposite, lower ones with petiole, upper ones petiole becoming shorter; leaf apex obtuse, base cordate; margins dull serrate. Inflorescence terminal, spikes. Flowers yellow, stigma forked and exerted outside of bilabiate corolla, bloom from July to September. Fruit nutlets, ripen from September to October. |

| Distribution | Korea (Gangwon-do Sokcho-si, Yangyang-gun, Inje-gun; Chungcheonbuk-do Danyang-gun, Jecheon-si; Gyeongsangbuk-do Bonghwa-gun; Mt. Gaya) |

| Assessment | LC / International |

광릉골무꽃

Scutellaria insignis Nakai
꿀풀과 | Labiatae
Gwangneunggolmukkot

| 식 물 | 숲속이나 숲 가장자리에서 자라는 여러해살이풀로 높이 40~70cm 정도이고 뿌리줄기가 옆으로 길게 자란다. 줄기는 곧추서고 모가 지며 능선에 털이 있다. 잎은 마주나고 타원형 또는 장타원형으로 끝은 뾰족하며 밑은 둥글거나 둔하다. 잎의 가장자리에는 굵은 톱니가 있고 잎자루는 짧다. 꽃은 5~7월에 연한 하늘색으로 피고 줄기 끝의 총상화서에 달린다. 열매는 소견과로 9월에 익는다. |

| 분 포 | 한국(중부 이북) |

| 평가내용 | 약관심종 / 국제단위 |

| Description | Perennial herbs found in edge of forests and deep forests, around 40-70 cm tall. Rhizome creeping, elongated. Stem erect, 4-sided, ridges hairy. Leaves opposite, elliptical or oblong; apex acute, base round or obtuse; margins coarsely serrated. Inflorescence terminal, racemes. Flowers light blue, bloom in May and July. Fruit nutlets, ripen in September. |

| Distribution | Korea (Central North) |

| Assessment | LC / International |

이삭귀개

Utricularia racemosa Wall.
통발과 | Lentibulariaceae
Isakgwigae | Denseflower Bladderwort

| 식 물 | 습지에서 자라는 여러해살이 식충식물로 뿌리줄기가 가는 실처럼 땅속으로 벋으면서 작은 벌레잡이 주머니가 군데군데 달린다. 잎은 뿌리줄기에서 드문드문 뭉쳐나고 주걱 모양이며 꽃줄기에는 도피침형의 비늘잎이 어긋나게 달린다. 꽃줄기는 곧추서고 높이 10~30cm 정도이다. 꽃은 8~9월에 자주색으로 피고 4~10개가 총상화서로 달린다. 열매는 삭과로 둥근 모양이고 10~11월에 익는다. |

| 분 포 | 일본 / 한국(경기도; 강원도; 전라북도 남원시; 전라남도 신안군; 경상남도 거제시; 지리산) |

| 평가내용 | 약관심종 / 국가단위 |

| Description | Perennial herbs, carnivorous, found in wetlands. Rhizome slender, spreading, with modified prey-catching bladders. Leaves sparsely clustered from rhizomes; spatula-shaped. Flowering stem with oblanceolate scale-like alternate leaves. Flowering stem erect, about 10-30 cm tall. Inflorescence racemes, 4-10 flowers. Flowers purple, bloom from August to September. Fruit capsules, spherical, ripen from October to November. |

| Distribution | Japan / Korea (Gyeonggi-go; Gangwon-do; Jeollabuk-do Namwon-si; Jeollanam-do Shinan-gun; Gyeongsangnam-do Geoje-si; Mt. Jiri) |

| Assessment | LC / National |

금마타리

Patrinia saniculaefolia Hemsl.
마타리과 | Valerianaceae
Geummatari

| 식 물 | 산지의 능선을 따라 바위틈에 주로 자라는 여러해살이풀로 높이 30cm에 달한다. 줄기는 곧추서고 뿌리에서 돋은 잎은 5~7개의 손바닥 모양으로 갈라지며 가장자리에 톱니가 있다. 줄기에 달린 잎은 마주나며 깃 모양으로 깊게 갈라지고 갈래는 결각상의 톱니가 있다. 꽃은 5~7월에 노란색으로 피고 원줄기 끝에 산방상으로 모여 달린다. 열매는 수과로 8~9월에 익고 날개 같은 포가 달리며 타원형이다. |

| 분 포 | 한국(울릉도 및 제주도를 제외한 전국) |

| 평가내용 | 약관심종 / 국제단위 |

| Description | Perennial herbs found along mountain ridges, in rock crevices, about 30 cm tall. Stem erect. Basal leaves palmately 5-7 lobed; margins serrate. Cauline leaves opposite, deeply lobed like a feather; segment with teeth. Inflorescence terminal, corymb. Flowers yellow, bloom from May to July. Fruit achenes with winged like bracts, elliptical, ripen from August to September. |

| Distribution | Korea (Nationwide except Ulleung-do or Jeju-do) |

| Assessment | LC / International |

섬초롱꽃

Campanula takesimana Nakai

초롱꽃과 | Campanulaceae

Seomchorongkkot

| 식 물 | 해안지대의 풀밭에 자라는 여러해살이풀로 높이 30~100cm 정도이다. 줄기는 능선이 있으며 흔히 자줏빛이 돌고 식물체 전체에 털이 있다. 잎은 광택이 있으며 가장자리에 거친 톱니가 있다. 뿌리에서 돋은 잎은 긴 잎자루가 있으며 난상 심장형이고 밑부분이 갑자기 좁아져서 잎자루의 날개로 된다. 줄기에 달린 잎은 위로 올라가면서 장타원형으로 되고 밑부분이 다소 줄기를 감싼다. 꽃은 6~8월에 피고 연한 자주색 바탕에 짙은 반점이 있으며 원줄기와 가지에서 밑을 향해 총상으로 달린다. 열매는 삭과로 8~9월에 익으며 원형이다.

| 분 포 | 한국(경상북도 울릉군)

| 평가내용 | 약관심종 / 국제단위

| Description | Perennial herbs found in grassy fields of coastal areas, about 30-100 cm tall. Stem often with ridges, purple, covered by hairs. Leaves glossy; margins roughly serrate. Basal leaves long petiolate, ovate-cordate, base narrowed and becoming wings in petiole. Cauline leaves becoming oblong in upper part; base wrap around the stem slightly. Inflorescence, terminal, axillary, solitary. Flowers light purple with dark spots, pendulous, bloom from June to August. Fruit capsules, spherical, ripen from August to September.

| Distribution | Korea (Gyeongsangbuk-do Ulleung-gun)

| Assessment | LC / International

Seung-Hyun Yi 2006

자라풀

Hydrocharis dubia (Blume) Backer
자 라 풀 과 | Hydrocharitaceae
Jarapul | Frogbit

| 식 물 | 저수지나 연못, 습지 등의 수면 위에 떠서 자라는 여러해살이풀로 원줄기가 길게 옆으로 벋고 마디에서 뿌리를 내린다. 잎은 잎자루가 길고 원형이며 밑부분은 심장 모양이다. 잎 뒷면에는 공기주머니가 있어 물에 뜨나 빽빽이 모여 자라면 엽신이 서고 공기주머니를 갖지 않을 수도 있다. 꽃은 8~9월에 물 위에서 피며 흰색 바탕에 가운데가 노란색을 띤다. 열매는 10월에 익고 난형 또는 장타원형으로 육질이며 많은 종자가 들어 있다. |

| 분 포 | 일본, 중국, 대만 / 한국(강원도 양양군; 전라남도 나주시, 무안군; 경상북도 문경시, 상주시, 성주군, 영주시, 포항시; 경상남도 김해시, 밀양시, 양산시, 진주시, 진해시, 창녕군, 창원시, 함안군, 합천군; 대구시 동구; 부산시 강서구, 금정구) |

| 평가내용 | 약관심종 / 국가단위 |

| Description | Perennial herbs, floating above reservoirs, ponds, and wetlands. Main stem spreading horizontally, rooting at nodes. Leaves long petiolate, round to reniform; leaf base cordate. Lower surface of leaves with air pockets, allowing floatation; when leaves clustered leaf blades erect and may not have air pockets. Flowers floating, white with yellow in center, bloom from August to September. Fruit ovate or oblong, fleshy, ripens in October. Seeds many. |

| Distribution | Japan, China, Taiwan / Korea (Gangwon-do Yangyang-gun; Jeollanam-do Naju-si, Muan-gun; Gyeongsangbuk-do Mungyeong-si, Sangju-si, Seongju-gun, Yeongju-si, Pohang-si; Gyeongsangnam-do Gimhae-si, Miryang-si, Yangsan-si, Jinju-si, Jinhae-si, Changnyeong-gun, Changwon-si, Haman-gun, Hapcheon-gun; Daegu-si Dong-gu; Busan-si Gangseo-gu, Geumjeong-gu) |

| Assessment | LC / National |

큰두루미꽃

Maianthemum dilatatum (Wood) A.Nelson & J.F.Macbr.
백합과 | Liliaceae
Keundurumikkot

| 식 물 | 울릉도의 숲속과 깊은 산의 능선부에 자라는 여러해살이풀로 높이 10~35cm 정도이다. 뿌리줄기는 가늘고 길며 옆으로 뻗고 줄기는 곧추선다. 식물체는 전체에 털이 없고 잎은 2~3장이 어긋나게 달리며 난상 심장형으로 가장자리에 반원형의 돌기가 있다. 꽃은 5~6월에 흰색으로 피고 줄기 끝에 총상화서로 달린다. 열매는 장과로 미성숙 시 반점이 있다가 9~10월에 붉은색으로 익는다.

분 포 | 일본, 중국, 러시아, 미국 / 한국(강원도 인제군, 태백시; 충청북도 단양군; 경상북도 울릉군)

평가내용 | 약관심종 / 국가단위

| Description | Perennial herbs found on the Ulleung Island and ridges of deep mountains, about 10-35 cm in height. Rhizome slender, elongate horizontally. Stem erect and glabrous. Leaves 2-3, alternate, ovate-cordate, with semi-circular bumps on edges. Inflorescence terminal, racemes. Flowers white, bloom in May to June. Fruit berries, spotted when immature, ripen red in September-October.

| Distribution | Japan, China, Russia, America / Korea (Gangwon-do Inje-gun, Taebaek-si; Chungcheongbuk-do Danyang-gun; Gyeongsangbuk-do Ulleung-gun)

| Assessment | LC / National

꽃창포

Iris ensata var. *spontanea* (Makino) Nakai

붓꽃과 | Iridaceae

Kkotchangpo

| 식 물 | 산과 들의 습한 곳에 자라는 여러해살이풀로 높이 40~120cm 정도이다. 뿌리줄기는 옆으로 벋고 가지가 갈라지며 갈색 섬유로 덮여 있다. 잎은 창 모양으로 2줄로 늘어서고 가장자리는 밋밋하며 중맥이 뚜렷하다. 꽃은 6~7월에 피고 원줄기 또는 가지 끝에 달리며 적자색이다. 꽃 밑부분은 녹색 잎집 상태의 포 2개가 자방을 둘러싼다. 외화피는 끝이 밑으로 처지고 안쪽에 노란색 줄이 있으며 내화피는 곧추선다. 열매는 삭과로 8~9월에 익고 타원형이다. |

| 분 포 | 일본, 중국 / 한국(전역) |

| 평가내용 | 약관심종 / 국가단위 |

| Description | Perennial herbs found in moist places of mountains and open fields, about 40-120 cm tall. Rhizome elongated horizontally, branched, covered by brown fibers. Leaves spear-shaped, 2-ranked, equitant, with distinct midvein; margins entire. Inflorescence terminal of main stem or branch tips. Flowers red, bloom in June-July; bracts green, sheath-like, enclose ovary. Outer perianth reflexed and drooping, with yellow stripes on the adaxial suface; inner perianth erect. Fruit capsules, elliptical, ripen in August to September. |

| Distribution | Japan, China / Korea (Nationwide) |

| Assessment | LC / National |

모새달

Phacelurus latifolius (Steud.) Ohwi

벼 과 | Gramineae

Mosaedal | Broadleaf Phacelurus

| 식 물 | 바닷가의 습한 곳에 자라는 여러해살이풀로 높이 80~160m 정도이며 뿌리줄기가 옆으로 길게 벋으면서 번식한다. 줄기는 모여 나고 곧게 서며 가지가 없다. 잎은 넓은 선형으로 가장자리가 작은 톱니 모양으로 꺼칠꺼칠하며 잎집 위쪽 가장자리에 긴 털이 있다. 꽃은 6~10월에 피고 5~12개의 수상화서가 손바닥 모양으로 배열하고 분록색이거나 자줏빛이 약간 돈다.

| 분 포 | 일본, 중국 / 한국(황해도 이남)

| 평가내용 | 약관심종 / 국가단위

| Description | Perennial herbs growing in moist areas of seashore, about 80-160 m tall. Rhizome spreading horizontally. Stem clustered, erect, not branched. Leaves wide linear, with fine teeth margins giving rough texture; upper part of sheath with long hairs. Inflorescence terminal, spikes, 5-12 flowers arranged like a hand palm. Flowers bloom in June to October, pinkish green or purplish.

| Distribution | Japan, China / Korea (South of Hwanghae-do)

| Assessment | LC / National

찾아보기 Index

한글명 찾아보기 Korean name

ㄱ
가시연꽃 178
가침박달 248
개느삼 114
갯대추나무 118
갯방풍 250
골고사리 230
광릉골무꽃 262
광릉요강꽃 74
구상나무 232
금강초롱꽃 208
금마타리 266
금붓꽃 218
금새우난초 90
기생꽃 126
께묵 142
꼬리말발도리 108
꼬리진달래 194
꽃개회나무 258
꽃장포 66
꽃창포 274
끈끈이귀개 104
끈끈이주걱 182

ㄴ
나도승마 34
난장이붓꽃 154
날개하늘나리 62
너도바람꽃 242
노랑무늬붓꽃 220
노랑붓꽃 70
눈잣나무 26

ㄷ
느리미고사리 168

ㄷ
단양쑥부쟁이 60
담팔수 120
대성쓴풀 52
대청부채 68
대흥란 160
댕강나무 134
독미나리 46
동강할미꽃 100
두메닥나무 122
두메대극 186
두잎약난초 72
둥근잎꿩의비름 184
등대시호 192
땅귀개 204
땅나리 212

ㅁ
만년콩 42
만리화 200
만병초 254
만주바람꽃 96
만주송이풀 132
망개나무 188
매미꽃 244
매화마름 174
모데미풀 98
모새달 276

ㅁ
목련 30
무엽란 164
문주란 146
물부추 22
미선나무 50

ㅂ
바람꽃 102
박달목서 128
방울새란 226
백량금 198
백양꽃 150
백양더부살이 58
백운란 88
백작약 180
변산바람꽃 240
복주머니란 76
비자란 86

ㅅ
산작약 32
새우난초 222
설악눈주목 28
설앵초 124
섬개야광나무 38
섬국수나무 40
섬남성 156
섬노루귀 172
섬자리공 170
섬초롱꽃 268

섬현삼 56
손바닥난초 80
솔나리 214
솔송나무 234
솔잎란 94
수정난풀 252
순채 176
시로미 196

ㅇ

애기송이풀 54
야고 202
어리병풍 210
여름새우난초 158
왕자귀나무 112
왕제비꽃 138
월귤 48
위도상사화 152
으름난초 78
이삭귀개 264
이팝나무 256

ㅈ

자라풀 270
제주고사리삼 24
제주달구지풀 116
좁은잎덩굴용담 130
주름제비란 162
줄댕강나무 136
진노랑상사화 148

ㅊ

참배암차즈기 260
참작약 106
채진목 36
청사조 44
칠보치마 64

ㅋ

큰두루미꽃 272
큰방울새란 224
큰연영초 216

ㅌ

통발 206

ㅍ

풍란 84

ㅎ

한라개승마 110
한라구절초 140
한라꽃장포 144
한라돌쩌귀 236
해오라비난초 82
홀아비바람꽃 238

황근 190
히어리 246

학명 찾아보기 Scientific name

A

Abelia mosanensis 134
Abeliatyaihyoni 136
Abeliophyllum distichum 50
Abies koreana 232
Aconitum japonicum subsp. napiforme 236
Aeginetia indica 202
Albizia kalkora 112
Amelanchier asiatica 36
Anagallidium dichotomum 52
Anemone koraiensis 238
Anemone narcissiflora 102
Ardisia crenata 198
Arisaema takesimense 156
Aruncus aethusifolius 110
Asplenium scolopendrium 230
Aster altaicus var. uchiyamae 60

B

Berchemia berchemiaefolia 188
Berchemia racemosa 44
Brasenia schreberi 176
Bupleurum euphorbioides 192

C

Calanthe discolor 222
Calanthe discolor for. sieboldii 90
Calanthe reflexa 158
Campanula takesimana 268
Chionanthus retusus 256
Cicuta virosa 46
Coreanomecon hylomeconoides 244
Corylopsis gotoana var. coreana 246
Cotoneaster wilsonii 38
Cremastra unguiculata 72
Crinum asiaticum var. japonicum 146
Cymbidium macrorrhizum 160
Cypripedium japonicum 74
Cypripedium macranthom 76

D

Daphne pseudomezereum var. koreana 122
Dendranthema coreanum 140
Deutzia paniculata 108
Drosera peltata var. nipponica 104
Drosera rotundifolia 182
Dryopteris tokyoensis 168

E

Echinosophora koreensis 114
Elaeocarpus sylvestris var. ellipticus 120
Empetrum nigrum var. japonicum 196
Eranthis byunsanensis 240
Eranthis stellata 242
Euchresta japonica 42
Euphorbia fauriei 186
Euryale ferox 178
Exochorda serratifolia 248

F

Forsythia ovata 200

G

Galeola septentrionalis 78
Glehnia littoralis 250
Gymnadenia camtschatica 162
Gymnadenia conopsea 80

H

Habenaria radiata 82
Hanabusaya asiatica 208
Hepatica maxima 172
Hibiscus hamabo 190
Hololeion maximowiczii 142
Hydrocharis dubia 270
Hylotelephium ussuriense 184

I

Iris dichotoma 68
Iris ensata var. *spontanea* 274
Iris koreana 70
Iris minutiaurea 218
Iris odaesanensis 220
Iris uniflora var. *caricina* 154
Isoetes japonica 22
Isopyrum manshuricum 96

K

Kirengeshoma koreana 34

L

Lecanorchis japonica 164
Lilium callosum 212
Lilium cernuum 214
Lilium dauricum 62
Lycoris chinensis var. *sinuolata* 148
Lycoris sanguinea var. *koreana* 150
Lycoris uydoensis 152

M

Magnolia kobus 30
Maianthemum dilatatum 272
Mankyua chejuense 24
Megaleranthis saniculifolia 98
Metanarthecium luteoviride 64
Monotropa uniflora 252

N

Neofinetia falcata 84

O

Orobanche filicicola 58
Osmanthus insularis 128

P

Paeonia japonica 180
Paeonia lactiflora var. *trichocarpa* 106
Paeonia obovata 32
Paliurus ramosissimus 118

Parasenecio pseudotaimingasa 210
Patrinia saniculaefolia 266
Pedicularis ishidoyana 54
Pedicularis mandshurica 132
Phacelurus latifolius 276
Physocarpus insularis 40
Phytolacca insularis 170
Pinus pumila 26
Pogonia japonica 224
Pogonia minor 226
Primula modesta var. *fauriae* 124
Psilotum nudum 94
Pterygocalyx volubilis 130
Pulsatilla tongkangensis 100

R

Ranunculus kazusensis 174
Rhododendron brachycarpum 254
Rhododendron micranthum 194

S

Salvia chanryonica 260
Sarcochilus japonicus 86
Scrophularia takesimensis 56
Scutellaria insignis 262
Syringa wolfii 258

T

Taxus caespitosa 28
Tofieldia coccinea var. *kondoi* 144

Tofieldia nuda 66
Trientalis europaea var. *arctica* 126
Trifolium lupinaster for. *alpinus* 116
Trillium tschonoskii 216
Tsuga sieboldii 234

U

Utricularia bifida 204
Utricularia racemosa 264
Utricularia vulgaris var. *japonica* 206

V

Vaccinium vitis-idaea 48
Vexillabium yakushimensis 88
Viola websteri 138

영어명 찾아보기 Common name

A
Abeliophylum 50
Aegisongipul 54

B
Baegulnan 88
Baegyangdeobusali 58
Baegyangkkot 150
Baekjagyak 180
Baengnyanggeum 198
Bakdalmokseo 128
Bangulsaeran 226
Baramkkot 102
Bifid Bladderwort 204
Bigbract Thorowax 192
Bigflower Ladyslipper 76
Bijaran 86
Bokjumeoniran 76
Broadleaf Phacelurus 276
Byeonsanbaramkkot 240

C
Candlestick Lily 62
Chaejinmok 36
Chambaeamchajeugi 260
Chamjagyak 106
Cheongsajo 44
Chilbochima 64
Coastal Glehnia 250
Common Calanthe 222
Conic Gymnadenia 80
Coralberry 198

D
Daecheongbuchae 68
Daeheungnan 160
Daenggangnamu 134
Daeseongsseunpul 52
Dampalsu 120
Danyangssukbujaengi 60
Denseflower Bladderwort 264
Deungdaesiho 192
Dongganghalmikkot 100
Dongminari 46
Duipyangnancho 72
Dumedaegeuk 186
Dumedangnamu 122
Dunggeunipkkwonguibireum 184
Dwarf Siberian Pine 26
Dwarf Stone Pine 26

E
Eoribyeongpung 210
Eureumnancho 78
European Waterhemlock 46

F
Frogbit 270
Fujiyama Rhododendron 254

G
Gachimbakdal 248
Gaeneusam 114
Gaesbangpung 250
Gaesdaechunamu 118
Gasiyeonkkot 178
Geumbuskkot 218

Geumgangchorongkkot 208
Geummatari 266
Geumsaeunancho 90
Gisaengkkot 126
Golgosari 230
Gorgon 178
Gusangnamu 232
Gwangneunggolmukkot 262
Gwangneungyogangkkot 74

H

Haeorabinancho 82
Hamabo Hibiscus 190
Hanradoljjeogwi 236
Hanragaeseungma 110
Hanragujeolcho 140
Hanrakkotjangpo 144
Hieori 246
Holabibaramkkot 238
Hwanggeun 190

I

Ipamnamu 256
Isakgwigae 264

J

Japanese Hemlock 234
Japanese Pogonia 224
Jarapul 270
Jejudalgujipul 116
Jejugosarisam 24
Jinnorangsangsahwa 148
Jobeunipdeonggulyongdam 130
Juldaenggangnamu 136

Jureumjebiran 162

K

Keunbangulsaeran 224
Keundurumikkot 272
Keunyeonyeongcho 216
Kkemuk 142
Kkeunkkeunigwigae 104
Kkeunkkeunijugeok 182
Kkorijindallae 194
Kkorimalbaldori 108
Kkotchangpo 274
Kkotgaehoenamu 258
Kkotjangpo 66
Kobus Magnolia 30
Korean Berchemia 188
Korean Fir 232

M

Maehwamareum 174
Maemikkot 244
Malnihwa 200
Manbyeongcho 254
Manchurian Rhodo-dendron 194
Manggaenamu 188
Mangsan Abelia 134
Manjubaramkkot 96
Manjusongipul 132
Mannyeonkong 42
Maximowicz Hololeion 142
Miseonnamu 50
Modemipul 98
Mongnyeon 30
Mosaedal 276
Mulbuchu 22

Munjuran 146
Muyeomnan 164

N

Nadoseungma 34
Nalgaehaneullari 62
Nanjangibuskkot 154
Neodobaramkkot 242
Neurimigosari 168
Nodding Lily 214
Norangbuskkot 70
Norangmunuibuskkot 220
North-Eastern China Isopyrum 96
Nunjasnamu 26

P

Prickly Water Lily 178
Pungnan 84

R

Reflea Calanthe 158
Retusa Fringe Tree 256
Round-leaved Sundew 182

S

Saeunancho 222
Sanjagyak 32
Seolaengcho 124
Seolaknunjumok 28
Seomchorongkkot 268
Seomgaeyagwangnamu 38
Seomguksunamu 40
Seomhyeonsam 56

Seomjarigong 170
Seomnamseong 156
Seomnorugwi 172
Serrateleaf Pearlbush 248
Sickle Neofinetia 84
Siebold Hemlock 234
Siromi 196
Slimstem Lily 212
Solipran 94
Sollari 214
Solsongnamu 234
Sonbadangnancho 80
Spiceberry 198
Sujeongnanpul 252
Sunchae 176

T

Tongbal 206
Tschonosk Trillium 216
Ttanggwigae 204
Ttangnari 212
Twining Pterygocalyx 130

W

Wangjagwinamu 112
Wangjebikkot 138
Whisk Fern 94
White Forsythia 50
Widosangsahwa 152
Wolgyul 48

Y

Yago 202
Yeoreumsaeunancho 158

참고문헌 References

강병수, 이장천, 주영승, 오수석, 박용기. 2008.『원색 한약도감』. 동아문화사.
강병화. 2008.『한국생약자원생태도감 1, 2, 3』. 지오북.
국립수목원. 1997.『희귀 및 멸종위기 식물도감』. 생명의 나무.
국립수목원. 2005.『세밀화로 보는 광릉숲의 풀과 나무』. 김영사.
국립수목원. 2010.『식별이 쉬운 나무도감』. 지오북.
국립수목원, 한국식물분류학회. 2007.『국가표준식물목록』. 대신기획.
문순화, 현진오. 2003.『봄에 피는 우리꽃 386』. 신구문화사.
문순화, 현진오. 2003.『여름에 피는 우리꽃 386』. 신구문화사.
문순화, 현진오. 2004.『가을에 피는 우리꽃 336』. 신구문화사.
안덕균. 1998.『원색 한국본초도감』. 교학사.
오병운, 조동광, 김규식, 장창기. 2005.『한반도 특산 관속식물』. 국립수목원.
이영노. 2006.『새로운 한국식물도감 I, II』. 교학사.
이우철. 1996.『원색한국기준식물도감』. 아카데미서적.
이우철, 임양재. 2002.『식물지리』. 강원대학교 출판부.
이유성. 1999.『현대식물분류학』. 우성문화사.
이창복. 2003.『원색 대한식물도감 상, 하』. 향문사.
한국양치식물연구회. 2005.『한국양치식물도감』. 지오북.
Korea National Arboretum. 2009. Rare Plants Data Book of Korea.
Ko, S.C., Y.S. Kim. 1985. A taxonomic study on genus *Arisaema* in Korea. Kor. J. Plant Tax. 15(2): 67~109.

www.doopedia.co.kr - 두산백과사전
www.nature.go.kr/kpni/ - 국가표준식물목록
www.nature.go.kr - 국가생물종지식정보시스템

세밀화로 보는 희귀식물
Botanical Art of Korean Rare Plants

초판 1쇄 발행 2011년 5월 24일
초판 3쇄 발행 2017년 12월 26일

지은이 국립수목원

집필자 이정희, 장창석, 김은정, 이유미, 조동광
세밀화 강영인, 강혜종, 공혜진, 구순원, 권순남, 김순정, 김혜경, 서지연, 손민정,
       신혜우, 이승현, 이주영, 정인영, 허설희

펴낸곳 지오북(**GEO**BOOK)
펴낸이 황영심
편집   전유경, 김민정
디자인 김길례, 장영숙

주소   서울시 종로구 사직로8길 34, 1018호
       (내수동 경희궁의아침 3단지 오피스텔)
       Tel_ 02-732-0337
       Fax_ 02-732-9337
       eMail_ geo@geobook.co.kr
       www.geobook.co.kr

출판등록번호 제300-2003-211
출판등록일   2003년 11월 27일

ⓒ 국립수목원, 지오북 2011
지은이와 협의하여 검인은 생략합니다.

ISBN 978-89-94242-09-5 03600

*이 책은 저작권법에 따라 보호받는 저작물입니다. 이 책 내용과
사진의 저작권에 대한 문의는 지오북(**GEO**BOOK)으로 해주십시오.